周 期 表

10	11	12	13	14	15	16	17	18
								₂He ヘリウム 4.003
			₅B ホウ素 10.81	₆C 炭素 12.01	₇N 窒素 14.01	₈O 酸素 16.00	₉F フッ素 19.00	₁₀Ne ネオン 20.18
			₁₃Al アルミニウム 26.98	₁₄Si ケイ素 28.09	₁₅P リン 30.97	₁₆S 硫黄 32.07	₁₇Cl 塩素 35.45	₁₈Ar アルゴン 39.95
₂₈Ni ニッケル 58.69	₂₉Cu 銅 63.55	₃₀Zn 亜鉛 65.38	₃₁Ga ガリウム 69.72	₃₂Ge ゲルマニウム 72.63	₃₃As ヒ素 74.92	₃₄Se セレン 78.97	₃₅Br 臭素 79.90	₃₆Kr クリプトン 83.80
₄₆Pd パラジウム 106.4	₄₇Ag 銀 107.9	₄₈Cd カドミウム 112.4	₄₉In インジウム 114.8	₅₀Sn スズ 118.7	₅₁Sb アンチモン 121.8	₅₂Te テルル 127.6	₅₃I ヨウ素 126.9	₅₄Xe キセノン 131.3
₇₈Pt 白金 195.1	₇₉Au 金 197.0	₈₀Hg 水銀 200.6	₈₁Tl タリウム 204.4	₈₂Pb 鉛 207.2	₈₃Bi ビスマス 209.0	₈₄Po ポロニウム (210)	₈₅At アスタチン (210)	₈₆Rn ラドン (222)
₁₁₀Ds ダームスタチウム (281)	₁₁₁Rg レントゲニウム (280)	₁₁₂Cn コペルニシウム (285)		₁₁₄Fl フレロビウム (289)		₁₁₆Lv リバモリウム (293)		
		+2	+3	/	-3	-2	-1	/
			ホウ素族	炭素族	窒素族	酸素族	ハロゲン	希ガス元素
			典型元素					

₆₄Gd ガドリニウム 157.3	₆₅Tb テルビウム 158.9	₆₆Dy ジスプロシウム 162.5	₆₇Ho ホルミウム 164.9	₆₈Er エルビウム 167.3	₆₉Tm ツリウム 168.9	₇₀Yb イッテルビウム 173.1	₇₁Lu ルテチウム 175.0
₉₆Cm キュリウム (247)	₉₇Bk バークリウム (247)	₉₈Cf カリホルニウム (252)	₉₉Es アインスタイニウム (252)	₁₀₀Fm フェルミウム (257)	₁₀₁Md メンデレビウム (258)	₁₀₂No ノーベリウム (259)	₁₀₃Lr ローレンシウム (262)

薬学系のための
基礎化学

齋藤勝裕・林 一彦
中川秀彦・梅澤直樹 [共著]

Pharmaceutical
Chemistry

裳華房

Pharmaceutical Chemistry

by

Katsuhiro S<small>AITO</small>

Kazuhiko H<small>AYASHI</small>

Hidehiko N<small>AKAGAWA</small>

Naoki U<small>MEZAWA</small>

SHOKABO

TOKYO

まえがき

　本書は薬学系の大学、学部における基礎化学の教科書、参考書として編纂されたものである。特に本書は、新しい「薬学教育モデル・コアカリキュラム」に則って作られたものであり、取り上げる項目はそれに従っている。

　薬学には生物学的な側面と化学的な側面がある。しかし、生命体は化学物質の集合体であり、生命活動のほぼ全てが化学反応に基づくものであることは言うまでもない。広範にして正確な化学知識なくして、人体という複雑な生命体を的確に扱うことは不可能である。

　また、薬剤の開発と、その分子生物学的な機能の解析に化学が重要なことも言うまでもない。このように、薬学関係において化学は基幹的な学問であり、化学の理解なくして薬学の理解はありえないまでになっている。

　しかし残念ながら、現在の学生諸君に化学的な基礎知識があるかといえば、肯定的な返事はできかねる。これは高校の教育制度と入学試験との関係という問題もあるのであり、決して学生諸君だけの責任ではない。それにしても高校で化学を学ばずに、あるいは入学試験で化学を選択せずに薬学部に入学した学生諸君が少なからずおられることも確かである。

　本書はこのような、化学的基礎知識をほとんど持たない学生諸君にとっても、なんの問題もなく読み進むことができるように作ってある。本書を読むのに高校の化学の知識は必要ない。本書を読むために必要な化学的基礎知識は、全てその都度本書に解説してある。読者諸君は何の準備もないまま本書を読み進んでくだされればよい。そうすればこれから薬学を学んでいくうえに必要な、十分な化学的知識を身に付けておられることだろう。

　そのために本書の執筆陣は、長年現場で培ったノーハウを存分に生かして本書を作っている。きっと読者諸君に満足いただくことができるものと確信する。

　薬学部の学生諸君にとって気がかりなことの一つは、最後に待っている国家試験であろう。本書ではそのために全章の章末に「薬剤師国家試験類題」を載せている。各章を読み終えるごとに、ご自分の実力を計ってみるのも大切なことである。

　最後に、本書執筆に当たって参考にさせていただいた書籍の執筆者、出版社の関係者、並びに本書出版に並々ならぬ努力を注いでくださった裳華房の小島敏照氏に感謝申し上げる。

2015 年 9 月

著 者 一 同

目　次

第1章　原子構造

1・1　原子の構造と量子化学 ……………… 1
　1・1・1　原子の形と大きさ・構造 ……… 1
　1・1・2　量子化学的に見た電子 ………… 2
1・2　原子核の構造 …………………………… 3
　1・2・1　原子番号と質量数 ……………… 3
　1・2・2　同 位 体 ………………………… 3
1・3　放射能と放射線 ………………………… 5
　1・3・1　放射性崩壊（放射性壊変）……… 5
　1・3・2　α 崩壊（α 壊変）………………… 5
　1・3・3　β 崩壊（β 壊変）………………… 6
　1・3・4　γ 崩壊（γ 壊変）………………… 7
1・4　電子殻と軌道 …………………………… 7
　1・4・1　電 子 殻 ………………………… 8
　1・4・2　軌　道 …………………………… 9
復習問題／国家試験類題　10

第2章　電子配置と原子の性質

2・1　スピンと電子配置 ……………………… 11
　2・1・1　電子配置の規則 ………………… 11
　2・1・2　電子配置の実例 ………………… 12
2・2　電子配置の状態 ………………………… 13
　2・2・1　最外殻と価電子 ………………… 13
　2・2・2　閉殻構造とオクテット則 ……… 13
　2・2・3　電子対と不対電子 ……………… 14
2・3　イオンの生成と電子配置 ……………… 15
2・4　イオン化エネルギー …………………… 16
2・5　電子親和力 ……………………………… 16
復習問題　17／国家試験類題　18

第3章　周　期　表

3・1　周期表と電子配置 ……………………… 19
　3・1・1　周　期 …………………………… 19
　3・1・2　族 ………………………………… 20
　3・1・3　周期と族 ………………………… 20
3・2　典型元素と遷移元素 …………………… 21
3・3　周 期 性 ………………………………… 22
　3・3・1　原子半径の周期性 ……………… 22
　3・3・2　イオン化エネルギーの周期性 … 23
　3・3・3　電気陰性度の周期性 …………… 23
復習問題／国家試験類題　25

第4章　化 学 結 合

4・1　原子に働く引力と斥力 ………………… 26
　4・1・1　原子に働く引力 ………………… 26
　4・1・2　原子に働く斥力 ………………… 26
4・2　オクテット則と化学結合 ……………… 27
　4・2・1　オクテット則の復習 …………… 27
　4・2・2　原子軌道とオクテット則 ……… 27
　4・2・3　オクテット則と電子式 ………… 28
4・3　化学結合の種類と性質 ………………… 28
　4・3・1　イオン結合 ……………………… 28
　4・3・2　共 有 結 合 ……………………… 29
　4・3・3　金 属 結 合 ……………………… 30
4・4　結合の分極 ……………………………… 30

4・4・1 結合の分極 …………………… 31
4・4・2 分子の極性 …………………… 31
4・5 分子間に働く力の種類と性質 ……………32
4・5・1 双極子相互作用 ……………… 32
4・5・2 水素結合 ……………………… 32
4・5・3 疎水性相互作用 ……………… 33
4・5・4 ロンドン力（ファンデルワールス力）
　　　　 ………………………………… 33
復習問題／国家試験類題　35

第5章　物質の状態

5・1 固体、液体、気体………………………… 36
5・1・1 物質の三態 …………………… 36
5・1・2 相転移 ………………………… 37
5・2 状態図と相律……………………………… 37
5・2・1 状態図と物質の状態 ………… 37
5・2・2 超臨界状態 …………………… 38
5・2・3 相律 …………………………… 38
5・3 三態の性質………………………………… 39
5・3・1 気体の性質 …………………… 39
5・3・2 液体の性質 …………………… 40
5・3・3 固体の性質 …………………… 40
5・4 三態以外の状態…………………………… 41
5・4・1 アモルファス ………………… 41
5・4・2 液晶 …………………………… 41
5・4・3 柔軟性結晶 …………………… 42
5・4・4 分子膜 ………………………… 42
復習問題／国家試験類題　44

第6章　溶液の化学

6・1 溶解………………………………………… 45
6・1・1 溶媒和 ………………………… 45
6・1・2 溶解のエネルギー …………… 45
6・2 溶解度……………………………………… 46
6・2・1 濃度 …………………………… 46
6・2・2 溶解度 ………………………… 47
6・2・3 ヘンリーの法則 ……………… 48
6・3 蒸気圧・浸透圧…………………………… 49
6・3・1 ラウールの法則 ……………… 49
6・3・2 蒸気圧降下 …………………… 50
6・3・3 浸透圧 ………………………… 51
6・4 電解質溶液………………………………… 52
6・4・1 電離度 ………………………… 52
6・4・2 電離定数 ……………………… 52
6・5 コロイド溶液……………………………… 53
6・5・1 コロイドの種類 ……………… 53
6・5・2 コロイドの性質 ……………… 54
6・5・3 電気二重層 …………………… 54
復習問題／国家試験類題　55

第7章　酸・塩基

7・1 酸と塩基の定義…………………………… 56
7・1・1 ブレンステッド-ローリーによる定義
　　　　 ………………………………… 56
7・1・2 共役酸と共役塩基 …………… 56
7・1・3 水は酸としても塩基としても働く … 56
7・2 酸の強さと pK_a ………………………… 58
7・2・1 酸の強さ：酸解離定数 K_a … 58
7・2・2 pK_a ………………………… 58
7・2・3 塩基の強さ …………………… 59
7・2・4 酸-塩基反応の予測 …………… 59
7・2・5 酸および塩基の価数 ………… 60
7・3 有機酸と有機塩基………………………… 60
7・3・1 有機酸 ………………………… 60
7・3・2 有機塩基 ……………………… 61
7・4 pH ………………………………………… 61
7・5 緩衝液……………………………………… 63
復習問題／国家試験類題　64

第8章　酸化・還元

- 8・1　酸化数 …………………………………… 65
  - 8・1・1　酸化数の決め方 …………………… 65
- 8・2　酸化・還元 ……………………………… 66
  - 8・2・1　酸素との反応 ……………………… 66
  - 8・2・2　水素との反応 ……………………… 66
  - 8・2・3　電子との反応 ……………………… 66
- 8・3　酸化剤・還元剤 ………………………… 67
  - 8・3・1　酸化剤・還元剤の働き …………… 67
  - 8・3・2　酸化剤・還元剤と酸化・還元反応 … 67
- 8・4　イオン化傾向 …………………………… 68
  - 8・4・1　金属のイオン化 …………………… 68
  - 8・4・2　イオン化傾向 ……………………… 69
- 8・5　化学電池 ………………………………… 69
  - 8・5・1　ボルタ電池 ………………………… 70
  - 8・5・2　ボルタ電池の電気エネルギー …… 70
  - 8・5・3　イオン濃淡電池 …………………… 71
- 8・6　電気泳動 ………………………………… 72

復習問題　72／国家試験類題　73

第9章　典型元素各論

- 9・1　典型元素の性質 ………………………… 74
  - 9・1・1　電子配置 …………………………… 74
  - 9・1・2　金属元素と非金属元素 …………… 74
- 9・2　1族、2族元素の性質 …………………… 76
  - 9・2・1　1族元素 …………………………… 76
  - 9・2・2　2族元素 …………………………… 77
- 9・3　12族、13族元素の性質 ………………… 77
  - 9・3・1　12族元素 …………………………… 78
  - 9・3・2　13族元素 …………………………… 78
- 9・4　14族、15族元素の性質 ………………… 78
  - 9・4・1　14族元素 …………………………… 78
  - 9・4・2　15族元素 …………………………… 79
- 9・5　16族、17族、18族元素の性質 ………… 80
  - 9・5・1　16族元素 …………………………… 81
  - 9・5・2　17族元素 …………………………… 81
  - 9・5・3　18族元素 …………………………… 83

復習問題／国家試験類題　83

第10章　遷移元素各論

- 10・1　遷移元素の電子構造 …………………… 84
  - 10・1・1　遷移元素の電子配置 …………… 84
  - 10・1・2　電子配置と物性 ………………… 85
- 10・2　遷移元素の性質 ………………………… 86
  - 10・2・1　鉄族元素 ………………………… 86
  - 10・2・2　貴金属元素 ……………………… 86
  - 10・2・3　その他のd-ブロック遷移元素 … 87
  - 10・2・4　希土類元素（レアアース） …… 87
  - 10・2・5　超ウラン元素 …………………… 88
- 10・3　錯体の構造 ……………………………… 88
  - 10・3・1　配位結合 ………………………… 88
  - 10・3・2　結晶場理論 ……………………… 90
- 10・4　錯体の性質 ……………………………… 91
  - 10・4・1　磁性 ……………………………… 91
  - 10・4・2　吸収特性 ………………………… 92
  - 10・4・3　生理活性 ………………………… 92

復習問題／国家試験類題　93

第11章　化学熱力学

- 11・1　エネルギー、熱、仕事 ………………… 94
  - 11・1・1　内部エネルギー ………………… 94
  - 11・1・2　熱、仕事 ………………………… 95
- 11・2　化学反応とエネルギー ………………… 95
  - 11・2・1　発熱反応と吸熱反応 …………… 95
  - 11・2・2　発光のエネルギー ……………… 96

- **11・3 エンタルピー** …… 97
  - 11・3・1 定容反応、定圧反応 …… 97
  - 11・3・2 エンタルピーの定義 …… 97
  - 11・3・3 ヘスの法則 …… 98
- **11・4 エントロピー** …… 98
  - 11・4・1 熱力学第二法則 …… 98
  - 11・4・2 エントロピー変化 …… 99
  - 11・4・3 熱力学第三法則 …… 99
- **11・5 自由エネルギー** …… 100
  - 11・5・1 ギブズエネルギー …… 100
  - 11・5・2 ギブズエネルギーと反応 …… 101
- 復習問題／国家試験類題　102

第12章　反応速度論

- **12・1 反応エネルギー図** …… 103
  - 12・1・1 化学熱力学と反応速度論 …… 103
  - 12・1・2 反応エネルギー図と遷移状態 …… 103
- **12・2 遷移状態と活性化エネルギー** …… 104
  - 12・2・1 遷移状態 …… 104
  - 12・2・2 活性化エネルギーとエンタルピー変化 …… 104
- **12・3 多段階反応と律速段階** …… 105
  - 12・3・1 多段階反応 …… 105
  - 12・3・2 多段階反応の反応エネルギー図 …… 105
- 12・3・3 律速段階 …… 106
- **12・4 反応速度式：反応次数と速度定数** …… 106
  - 12・4・1 反応速度に影響を与える因子 …… 106
  - 12・4・2 反応速度の測定法 …… 107
  - 12・4・3 反応速度式と反応機構 …… 107
  - 12・4・4 反応次数 …… 108
  - 12・4・5 反応速度定数と平衡定数 …… 109
- **12・5 触媒** …… 109
  - 12・5・1 触媒の性質 …… 109
  - 12・5・2 生体内の触媒：酵素 …… 110
- 復習問題　110／国家試験類題　111

第13章　有機分子の構造

- **13・1 混成軌道** …… 112
  - 13・1・1 軌道の混成 …… 112
  - 13・1・2 混成軌道の種類 …… 112
- **13・2 σ結合とπ結合** …… 114
  - 13・2・1 σ結合 …… 114
  - 13・2・2 π結合 …… 115
- **13・3 結合の表し方** …… 116
  - 13・3・1 電子式による表し方 …… 116
  - 13・3・2 結合を線で表す構造式 …… 116
- **13・4 有機分子の化学結合** …… 117
  - 13・4・1 メタン、エタン：単結合 …… 117
  - 13・4・2 エチレン：二重結合 …… 118
  - 13・4・3 アセチレン：三重結合 …… 119
  - 13・4・4 結合の次数と結合の強さ・距離 …… 119
- **13・5 結合の共役** …… 120
  - 13・5・1 連続したp軌道による結合の生成 …… 120
  - 13・5・2 結合の共役の効果 …… 121
  - 13・5・3 三重結合の共役 …… 122
  - 13・5・4 アレン：二重結合が隣接する特殊なケース …… 122
- 復習問題／国家試験類題　123

第14章　有機化合物の種類と反応

- **14・1 炭化水素の構造と異性体** …… 125
  - 14・1・1 アルカン …… 125
  - 14・1・2 構造異性体 …… 125
  - 14・1・3 アルケン …… 126
- 14・1・4 アルキン …… 127
- **14・2 官能基と化学反応** …… 127
- **14・3 立体異性体** …… 127
  - 14・3・1 鏡像異性体 …… 127

14・3・2　ジアステレオマー ……………… 128	14・4・3　付加反応 …………………………… 130
14・4　有機化合物の反応 ………………………… 129	14・4・4　酸化還元反応 …………………… 131
14・4・1　置換反応 ……………………… 129	復習問題／国家試験類題　133
14・4・2　脱離反応 ……………………… 130	

第 15 章　基本的な生体分子

15・1　重要な生体高分子①：タンパク質 …… 134	15・2・3　二糖と多糖 …………………… 137
15・1・1　アミノ酸 ……………………… 134	15・3　重要な生体高分子③：核酸 ……………… 137
15・1・2　タンパク質中の共有結合 ……… 134	15・3・1　ヌクレオチド ………………… 138
15・1・3　タンパク質の高次構造：一次構造・ 　　　　　二次構造・三次構造・四次構造 　　　　　 ………………………………… 135	15・3・2　DNA の構造 …………………… 139
	15・3・3　RNA の構造 …………………… 140
	15・4　重要な生体小分子 ………………………… 140
15・2　重要な生体高分子②：多糖（炭水化物） 　　　　 ……………………………………… 135	15・4・1　脂　質 ………………………… 140
	15・4・2　ホルモン ……………………… 141
15・2・1　単糖の鎖状構造 ……………… 135	15・4・3　ビタミン ……………………… 142
15・2・2　単糖の環状構造 ……………… 136	復習問題　143／国家試験類題　144

演習問題解答……145　　索　引……157

COLUMN

パラレルワールド ……………………………… 8	周 期 表 …………………………………………… 82
パウリ効果 ……………………………………… 17	毒性元素 …………………………………………… 93
メンデレーエフと周期表 …………………… 24	生体とエネルギー ……………………………… 101
分子間相互作用（分子間結合）の働き …… 34	触媒反応の例 …………………………………… 110
高野豆腐と凍みコンニャク ………………… 44	導電性プラスチック「ポリアセチレン」……… 124
一番風呂 ………………………………………… 47	D-グリセルアルデヒドの立体構造 ………… 132
身近な水溶液の pH …………………………… 62	甘い分子：どんな分子が甘いのか？ ………… 143
水素燃料電池 …………………………………… 73	

執筆分担（担当章順）

　林　一彦　　第 1～3 章
　中川秀彦　　第 4, 13, 14 章
　齋藤勝裕　　第 5, 6, 8～11 章
　梅澤直樹　　第 7, 12, 15 章

第1章 原子構造

原子という極めて小さい粒子は、あらゆる物質の構成単位であると同時に、大きなエネルギーを取り出せる有用な資源でもある。人類はすでにこの原子の力を、発電や兵器、医療などの分野に利用してきた。特に原子の崩壊によって発生する放射線は、医療分野に広く応用され、病気の診断やがんの治療などヒトの健康に大きく貢献している。本章では、この原子の基本を理解するため、原子の構造と構成している原子核と電子、加えて放射能について学ぶ。

1・1 原子の構造と量子化学

ラザフォード[*1]やボーア[*2]らの研究により、「ごく小さな正の電荷（原子核）を中心にして、その周りを負電荷の電子がとびとびの決まった半径の円軌道で等速運動している」という原子モデルが導かれた（図1・1）。その後、「電子は、粒子と波の両方の性質を持つ」という発見をもとに量子化学が発展し、原子・分子の構造や性質がより詳細に解明された。

[*1] ラザフォード（Ernest Rutherford, 1871-1937）。ニュージーランド生まれのイギリスの物理学者。α線、β線の発見者でもある。

[*2] ボーア（Niels Henrik David Bohr, 1885-1962）。デンマークの物理学者。1922年にノーベル物理学賞を受賞。「量子力学の父」と呼ばれる。

1・1・1 原子の形と大きさ・構造

原子は、中心の原子核とそれを取り囲む電子とから成り立っている。原子の大きさは、その種類にかかわらず半径がおよそ 1×10^{-10} m（1 Å（オングストローム））のオーダーである。中心の原子核の直径は $1\times10^{-15}\sim1\times10^{-14}$ m程度であり、大きめの原子核であっても、原子全体のわずか1/10000程度の直径しかない小さな粒子である。これは、原子核を直径1 cmのビー玉だとすると、原子全体は直径100 mの大きな球になることを意味している。原子核よりはるかに軽い電子[*3]は、その100 mの球の中のどこかを動き回っていることになる。

また、原子核は正の電荷を持つ**陽子**（プロトン）と電荷を持たない**中性子**（ニュートロン）から構成され（図1・4参照）、表1・1にあるように、質量のほぼ全てが原子核に集中している。

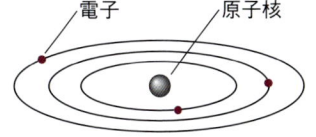

図1・1　原子の構造

[*3] 電子の質量や電荷などは解明されているものの、その真の大きさはよくわかっていない。いまだにいくつもの説があり、大きさがゼロであるという説も有力である。通常電子の大きさを測定するには、電子に別の電子をぶつけてその散乱状況から推定する。しかしこれまで何度もこのような実験が行われたが、電子の表面でぶつかった形跡がなく、いまだ大きさを示す兆候は見出されていない。

表1・1　原子の質量

粒子		質量（g）	電荷
電子		9.109×10^{-28}	-1
原子核	陽子	1.673×10^{-24}	$+1$
	中性子	1.675×10^{-24}	0

1・1・2 量子化学的に見た電子

原子は原子核と電子で構成されていることは上述した。ここでは、原子核の周りを回っている電子について説明する。

電子は極めて軽く、動きも速いことから、「粒子」としての性質に加え、光のような「波」の性質も強く現れてくる。そのため、電子が原子核の周りを円運動するとき、円周の長さが波の波長の整数倍でないと波を打ち消し合って不安定になる（**図1・2(a)**）。逆に、円周が波の波長の整数倍であると、電子が一周したときに電子の波の山が最初の山と完全に一致し、波は安定に存在できる（定常波という）。結果、電子そのものが安定になる（**図1・2(b)**）。したがって、電子はとびとびの決まった半径の場所（円周が波の波長の整数倍の場所）にしか存在できないことになる。これは量子化学の基盤となる考え方である。

その後シュレーディンガー[*4]は上記の考えを発展させ、波の方程式と運動の方程式を組み合わせた新しい方程式を提唱した。これを**シュレーディンガーの波動方程式**（囲み解説参照）という。この方程式は、

*4 シュレーディンガー（Erwin Schrödinger, 1887-1961）。オーストリアの理論物理学者。1933年にノーベル物理学賞受賞。

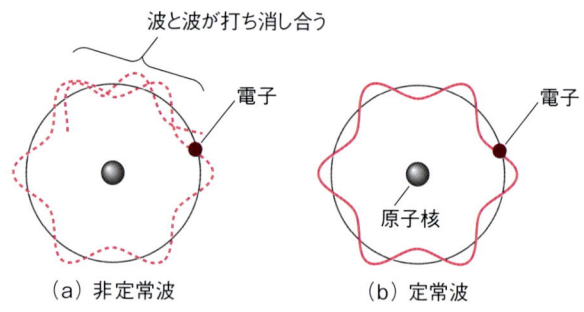

(a) 非定常波　　(b) 定常波

図1・2　電子の波動性

解説

シュレーディンガーの波動方程式

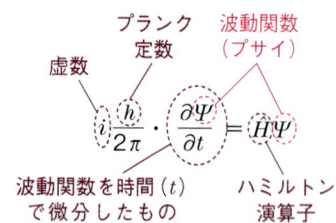

詳しくは物理化学の教科書を参照していただきたいが、ここではその中の Ψ と i にだけ着目する。Ψ は波動関数であり、粒子の波の性質を表すものである。

i は虚数（$\sqrt{-1}$）であり、数学上作られた架空の数字である。したがって、波動関数 Ψ は虚数を含む複素数の波ということになる。この複素数の波を数式上で理解し物理現象へと応用することは可能でも、実体の波として正確に理解することは不可能である。そのため、多くの物理学者が、方程式の実数部分だけ、もしくは虚数部分だけを取り出し、または変形して解釈しようと試みてきた。これは、立体的なものを一方向から写真を撮って全体を類推するようなものである。このような流れの中から、波動関数の確率的解釈という考え方がでてきた。

電子は原子核の周りを一定の軌跡で運動しているわけではなく、原子核の周囲の漠然とした空間を確率論的に電子が存在すること示している。すなわち、水素原子における電子の存在する確率を色の濃淡で示すと**図1・3**のようになる。濃いところほど電子が存在している可能性が高い。この雲のような部分を電子の**軌道**といい、またこの軌道はあたかも空に浮かぶ雲のように見えることから、**電子雲**ともいう。

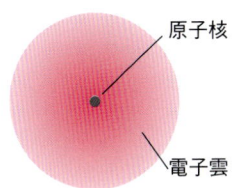

図1・3 水素原子の軌道（電子雲）

1・2 原子核の構造

原子核は、原子の質量のほぼ全て (99.9 % 以上) を占めている。この節では、その原子核の構造 (**図1・4**) と質量について説明する。

1・2・1 原子番号と質量数

原子核内に含まれる陽子の数を、**原子番号**という。同じ**元素**＊5 中の原子は同数の陽子を持ち、その陽子の数で元素の種類が決まる。一般に、元素の種類を表す元素記号の左下に原子番号が記される。

原子核中の陽子と中性子の数の和を**質量数**という。陽子と中性子の質量はほぼ等しく、電子の質量は陽子・中性子の 1840 分の 1 と極めて小さい (**図1・5**) ため、原子の質量のほとんど全てが原子核に集中する (1・1・1項参照)。このため、質量数は原子の質量にほぼ比例することになる＊6。質量数は元素記号の左上に記されるのが一般的である。炭素を例として、**図1・6**に元素記号、質量数、原子番号の表記法を示す。

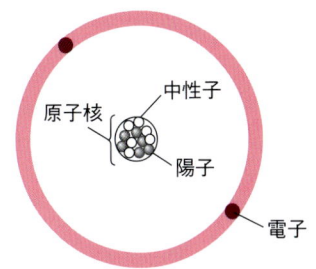

図1・4 原子核の構造

＊5 「元素」とは、物質を構成する基本的な成分を示すものである。例えば炭素元素といったら、炭素原子の集合体を意味し、炭素という物質やその性質に主眼がおかれている。「原子」は、元素を構成する粒子そのものを指し示す。

＊6 質量数とは、原子1個に含まれる陽子と中性子の数の和である。したがって、質量そのものを示す値ではない。質量との関係は、「質量数 = $6.02×10^{23}$ (アボガドロ数：次頁の囲み解説参照) × 原子1個の質量」で表される。したがって、原子の質量数は原子1個の質量に比例することになる。

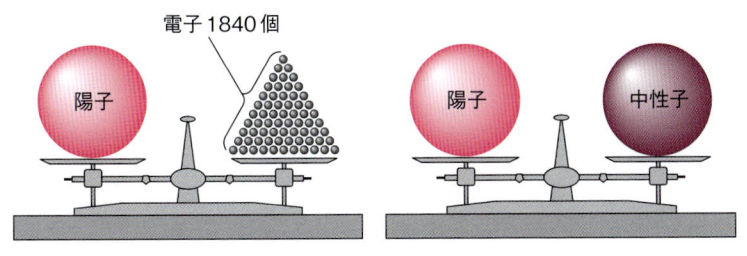

図1・5 電子・陽子・中性子の質量比較

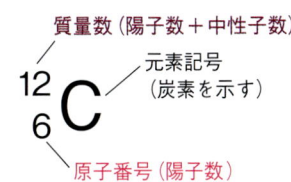

図1・6 炭素の元素記号

1・2・2 同 位 体

原子には、陽子の数が同じでも中性子の数が異なるものがある。これらを互いに**同位体**（アイソトープ）という。化学的性質は同じでも、質量数が異なる。例えば水素原子には、陽子1個だけを持つ ^1_1H（軽水素ともいう；hydrogen）、陽子と中性子を1個ずつ持つ ^2_1H（重水素ともいう；deuterium）、陽子1個に中性子2個を持つ ^3_1H（三重水素ともいう；tritium）が知られている（**図1・7**）。

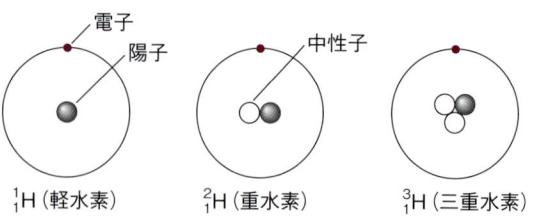

図 1・7 水素の同位体

また同位体には、原子核が安定で変化しない**安定同位体**と、原子核が不安定で、放射線を放出しながら他の安定な元素に変化していく**放射性同位体**（ラジオアイソトープ）がある。上記水素の例では、$^1_1$H と $^2_1$H は安定同位体で、$^3_1$H は放射性同位体である。

> **解説**
>
> **アボガドロ定数とモル**
>
> 　化学反応を考えるには、反応する物質の個数の変化を考えるとわかりやすい。しかし日常扱う量の物質に含まれる原子や分子の数は天文学的な数字になるため、計算が複雑になってしまう。そこで炭素 $^{12}_{6}$C がちょうど 12 g になる個数を、新たな数の単位として**モル（mol）**と定める。その個数は $6.02×10^{23}$ 個であり、この数を**アボガドロ数**という。これは膨大な数の原子や分子を、あたかも $6.02×10^{23}$ 個入りのモルという袋に入れ、その袋（モル）の数で議論するようなものである（図1・8）。なお、モルを単位として表す数量を**物質量**と定め、1 モル当たりの個数を**アボガドロ定数**（$6.02×10^{23}$/mol）という。記号は N_A である。
>
>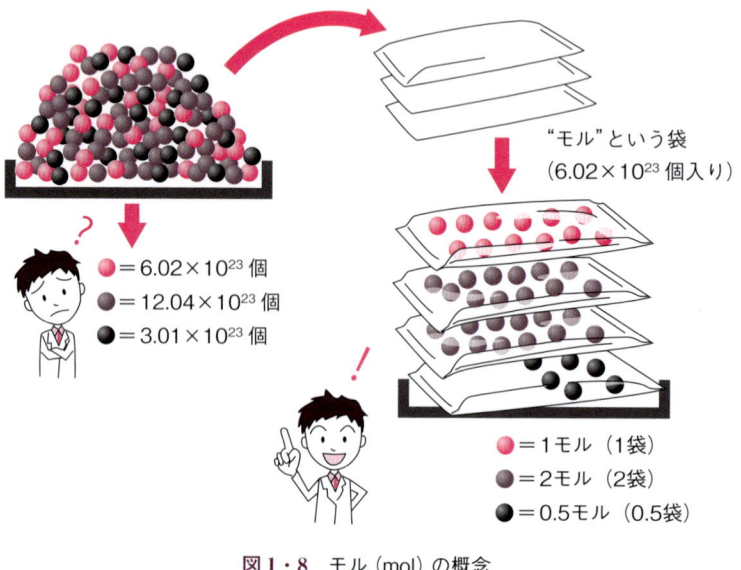
>
> 図 1・8　モル（mol）の概念

1・3 放射能と放射線

不安定な原子核のなかには、より安定な原子核に自発的に変化するもの（放射性同位体）がある。この現象を**放射性崩壊（放射性壊変）**といい、このときに放出されるものを**放射線**[*7]という。また、不安定な原子核が放射線を放出する能力を**放射能**という。一般に放射能は、「原子核が単位時間当たりに**崩壊（壊変）**する個数」として表される。単位は**ベクレル（Bq）**[*8]を用い、1秒間に1原子崩壊するときが1 Bqである。放射線と放射能は似ているが、混同しないよう心がけてもらいたい。

1・3・1 放射性崩壊（放射性壊変）

放射性崩壊が起こる原因は、大きく分けて二つある。一つは原子核が大きすぎる（質量数が大きすぎる）場合。もう一つは、陽子数Zと中性子数Nの比（N/Z）が原子核を安定に保つ値になっていない場合である[*9]。

原子核が大きくなると陽子数が増え、核内の陽子間の静電的な反発が大きくなってくる。その結果、ある大きさを超えると、この反発によって原子核の一部（陽子と中性子の塊）がちぎれるように飛び出す。これが大きな原子核の放射性崩壊であり、質量数約140以上で起こる。例として$^{226}_{88}$Ra（図1・9参照）が知られている。

原子核を安定に保つのに必要なN/Z値を持たない原子では、陽子が中性子へ、または中性子が陽子へ変化することで中性子数Nと陽子数Zが変化し、安定に保つN/Z値に近づこうとする。質量数は変わらない。これがもう一つの原因で起こる放射性崩壊である。この崩壊は、質量数が140以下の小さな原子核でも起こる。これは、β崩壊、軌道電子捕獲の項でその詳細を説明する。

1・3・2 α崩壊（α壊変）

原子核内の質量数が多い場合に起こる崩壊で、原子核内から陽子2個と中性子2個の粒子を放出する現象である。またこの粒子を**α粒子**[*10]といい、飛び出してきたα粒子を**α線**という。α線は2+の電荷を持った放射線である。加えて、α崩壊ではこの粒子が飛び出すため、質量数は4減少し、原子番号も2減少する（**図1・9**）。

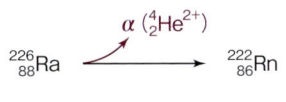

図1・9 α崩壊の反応例

[*7] 電離放射線とも呼ばれ、「電離能力を持つ放射線」と定義される。電離とは、放射線によって物質を構成している原子の軌道電子がはじき出され、電子と陽イオンが生成する現象である（下図）。高いエネルギーを持っていなければ、原子の外まで電子を弾き飛ばすことができない。放射線には、粒子であるα線、β線、中性子線などがあり、電磁波としてγ線、X線が知られている。

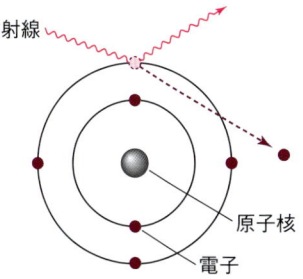

[*8] 放射化学で使用される単位として、ベクレル（Bq）とシーベルト（Sv）がよく知られている。ベクレルは、放射性物質の崩壊速度（1秒間に原子核が崩壊する数）を示す単位で、その放射性物質の放射能の強さを表している。シーベルトは、線量当量を示す単位である。線量当量は、臓器などの組織1 kgが吸収する放射線のエネルギーに、放射線の種類や臓器の種類ごとに決められた係数を掛け合わせることで得られる。被曝（ヒトが放射線を受けること）による影響を評価する値である。

[*9] 安定な原子核の中性子数Nと陽子数Zの適正な組み合わせは、原子の種類ごとに決まっている。通常は、$^1_1$Hを除いて$Z \leqq N$であり、N/Zは1.0〜1.6の範囲である。したがって、適正な組み合わせを持たない原子核は適正なN/Z値に近づこうとして、放射性崩壊が起こる。

[*10] α粒子は陽子2個と中性子2個で構成されていることから、ヘリウム原子の2個の電子が取り去られたヘリウムイオンと見ることができる。そのため$^4_2$He^{2+}と記載することもある。

1・3・3　β崩壊（β壊変）

原子核を安定に保つのに必要な N/Z 値でない原子で起こる崩壊である。原子核内の中性子と陽子が、それぞれ電子を出し入れする[*11]ことで互いに変化し、適正な N/Z 値に近づく。種類としては、β^-崩壊（β^-壊変）、β^+崩壊（β^+壊変）、**軌道電子捕獲**（EC）が知られている。質量数は変化しない。

*11　電子の出し入れによって中性子と陽子は互いに変化するが、このとき、ニュートリノ（newtrino、中性微子ともいう）も放出される。電荷がなく、質量がほぼ0で、エネルギーを持った粒子である。詳しくは物理化学の教科書を参照していただきたい。

A　β^-崩壊（β^-壊変）

N/Z 値が適正値より大きい（適正な数の組み合わせより中性子数が多い）場合に起こりやすい。中性子が陰電子（通常の電子）を放出して陽子に変わる崩壊である。この陰電子を β^- **粒子**といい、飛び出してきた β^- 粒子を β^- **線**と呼ぶ。陽子・中性子の総数は変化しないため質量数は変わらず、原子番号が1増加する（図1・10）。

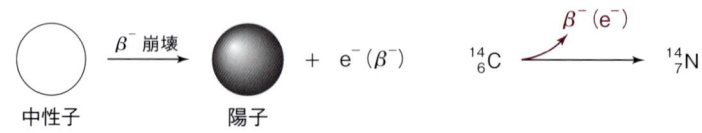

図1・10　β^-崩壊とその反応例

B　β^+崩壊（β^+壊変）

N/Z 値が適正値より小さい（適正な数の組み合わせより陽子数が多い）場合に起こりやすい。陽子が陽電子（電子の反粒子で、正電荷を持つ）を放出して中性子に変わる崩壊（壊変）である。この陽電子を β^+ **粒子**といい、飛び出してきた β^+ 粒子を β^+ **線**と呼ぶ。陽子・中性子の総数は変化しないため質量数は変わらず、原子番号が1減少する（図1・11）。

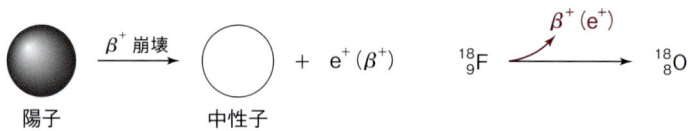

図1・11　β^+崩壊とその反応例

C　軌道電子捕獲（electron capture：EC）

β^+崩壊と同様、N/Z 値が適正値より小さい（適正な数の組み合わせより陽子数が多い）場合に起こりやすい。軌道上の電子1個を原子核内の陽子が捕獲し、陽子が中性子に変化する崩壊である。この崩壊でも質量数は変わらず、原子番号が1減少する（図1・12）。

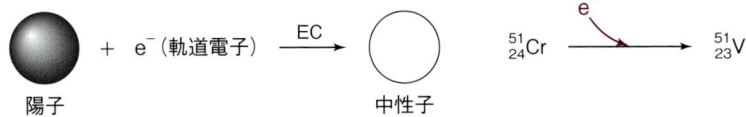

図 1・12　軌道電子捕獲とその反応例

軌道電子捕獲では、通常原子核に最も近い K 殻（1・4・1 項参照）上の電子が捕獲され、K 殻上に軌道電子の空席を作る。その空席へさらに外側の軌道電子が落ち込み、その電子が持っていたエネルギーが **X 線**[*12] として放出される。この X 線は軌道間のエネルギー差に相当する一定の波長を持ち、**特性 X 線**ともいう（図 1・13）。

*12　軌道電子などがエネルギーを失って放出する放射線を X 線という。励起状態の原子核から放出される放射線は γ 線（1・3・4 項参照）といい、発生過程によって両者を区別している。

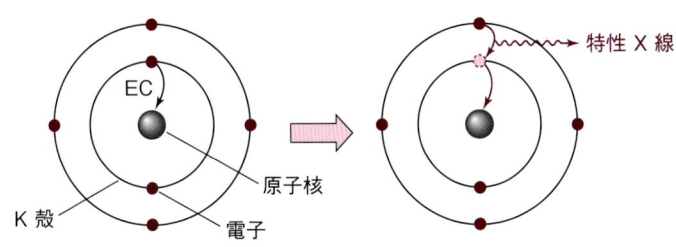

図 1・13　特性 X 線

1・3・4　γ 崩壊（γ 壊変）

α 崩壊または β 崩壊によって、原子核内から α 粒子や β 粒子が飛び出したり、核内に軌道電子が落ち込んでくることで、原子核が不安定な運動をすることがある。これを**原子核の励起状態**[*13]といい、励起状態の原子核はエネルギーを電磁波として放出することで元の安定な原子核に戻る[*14]。この原子核から放出される電磁波を **γ 線**といい、γ 線を放出する現象を **γ 崩壊（γ 壊変）**という（図 1・14）。

*13　原子核の励起状態の詳細は物理化学の教科書を参照していただきたい。感覚的には、原子核が異常な振動や回転をしている状態と考えると理解しやすい。放射線を放出する原子核の不安定さとは、異なるものである。

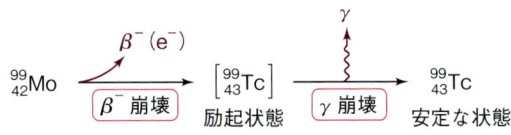

図 1・14　γ 崩壊の反応例

1・4　電子殻と軌道

原子の性質は電子の状態によって大きく左右される。そのため、電子が存在する軌道を理解することは原子の性質を理解するうえで重要である。

*14　通常は、励起した原子核は瞬時（10^{-9} 秒以内）に安定な原子核（基底状態）に転位するが、励起状態のままで、測定機器で測定可能な時間存続するものもある（半減期が 1 秒以上）。このような長寿命の励起核種を核異性体と呼び、核異性体がゆっくり γ 線を放出しながら安定な核種（基底状態）に移る現象を**核異性体転位**という。

1・4・1 電 子 殻

図1・1に示したように、電子は球状の空間に決まった数だけ存在している。この電子が存在している球状の空間を**電子殻**という（**図1・15**）。一般に電子殻は複数存在し、原子核の内側から順にK殻、L殻、M殻、N殻…と名前が付いている。内側から外側に向かうほど、電子

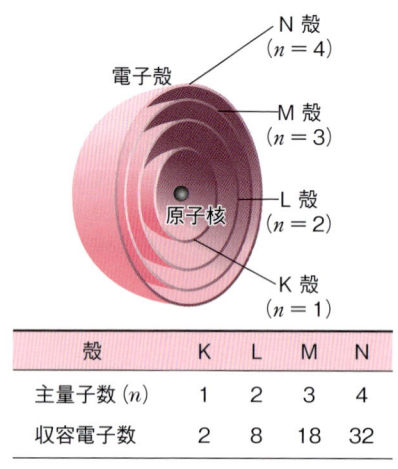

殻	K	L	M	N
主量子数（n）	1	2	3	4
収容電子数	2	8	18	32

図1・15　電子殻と収容電子数

COLUMN

パラレルワールド

　量子化学の世界では、電子は確率的に存在し運動している（1・1・2項参照）。これは「電子の位置は1箇所に決まっているが、その位置を確率的にしか推定できない」という意味ではない。「サイコロによって、電子の位置が決まる」といった方が正確である。しかし、その実態を考えるとよくわからない。そのため、多くの研究者が論争を繰り返してきた。

　ところが、これを解決する解釈が、当時プリンストン大学の大学院生であったエベレットによって1957年に提唱された。提唱したのは「パラレルワールド論」と題される博士論文である。要するに「多世界解釈」である。電子は、A地点にいる世界、B地点にいる世界などが重ね合わさった多次元世界に存在しているという考え方である。すなわち、電子が存在する可能性の数だけ、その世界が存在することになる。これを宇宙まで広げて考えると、ビッグバンによって発生した宇宙が時間とともに可能性の数だけ枝分かれをし、現在では、「私たちがいる宇宙」や「私たちがいない宇宙」など、考えうるあらゆる宇宙が同時に重なる世界として存在することになる。これがパラレルワールドであり、この考えが数多くのSFの題材となって名著を生み出してきたのである。

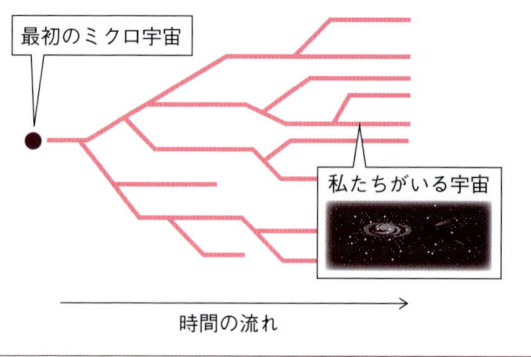

殻のエネルギーは高くなる。また、各電子殻に入ることのできる電子の数は決まっていて、原子核から n 番目の殻には最大 $2n^2$ 個の電子を収容できる。この n を**主量子数**といい、量子化学において最も基本的な値となる。もともとは軌道の大きさとエネルギーを決定する値であるが、各電子殻を区別する値と見ることもできる。

1・4・2 軌　道

シュレーディンガーの波動方程式（1・1節参照）を詳細に解くと、s軌道、p軌道、d軌道、f軌道の4種類が見出される（**図1・16**；f軌道は除く）。各電子殻は、この4種類の軌道が大きさを変えて収まる軌道の集合体であることがわかる（**表1・2**）。各軌道には一律に電子2個までしか入らないことから、図1・15に示す収容電子数が決定される。

表1・2　各電子殻に含まれる軌道

殻	含まれる軌道			
K	1s			
L	2s	2p		
M	3s	3p	3d	
N	4s	4p	4d	4f

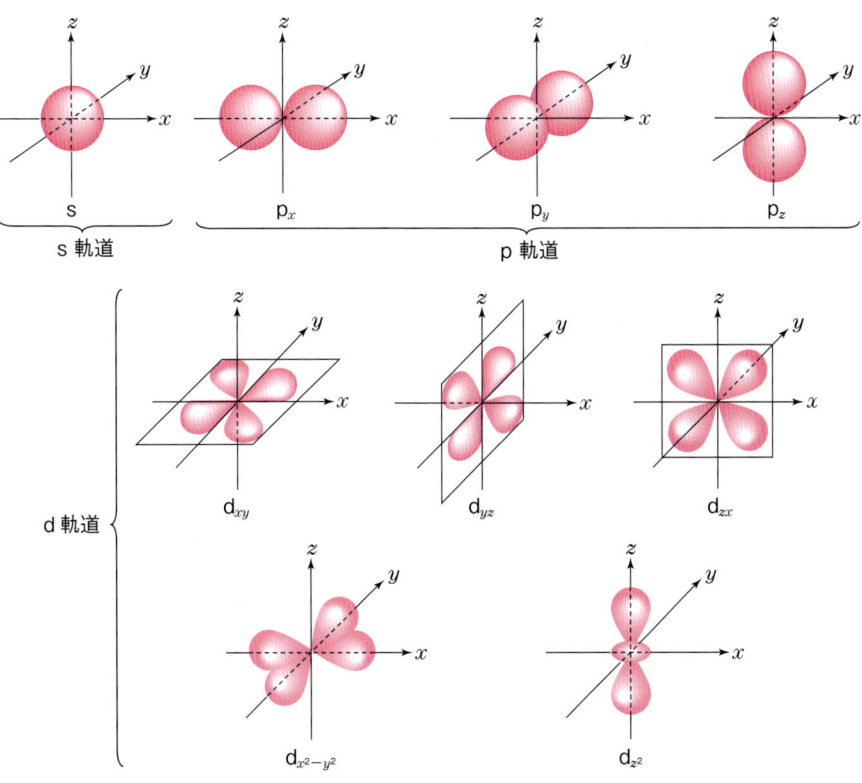

図1・16　軌道の形

■ 復習問題 ■

1. 次の元素の陽子の数、中性子の数、電子の数、質量数、原子番号を求めよ。
   A ^{40}Ca　　B ^{127}I
2. 同位体とは何か。また安定同位体と放射性同位体の違いは何か。
3. 電子は、とびとびに存在する電子殻にだけ存在する。その理由を示せ。
4. 電子雲とは何か。
5. 次の値を計算せよ。
   A 水（H_2O）3.5 mol の質量　　B 二酸化炭素（CO_2）22 g の物質量
   C ヘリウム（He）1 g の個数
6. 放射性崩壊を5種あげよ。
7. 特性X線とは何か。
8. ^{14}C が β^- 崩壊して生成する元素は何か。反応式で示せ。
9. 原子核から n 番目の殻に収容される電子は、最大で何個か。n を含む式で示せ。
10. s軌道、p軌道、d軌道は、それぞれ何種類ずつあるか。

● 国家試験類題 ●

1. 放射性崩壊に関する記述のうち、正しいものはどれか。2つ選べ。
   A α 崩壊の結果、原子番号は2、質量数は4減少する。
   B β^- 崩壊および軌道電子捕獲（EC）の結果、原子番号は1増加し、質量数は変わらない。
   C β^+ 崩壊の結果、原子番号は1減少し、質量数は変わらない。
   D 核異性体転位は、X線の放射を伴う崩壊であり、原子番号および質量数は変化しない。
2. 原子に関する記述のうち、正しいものはどれか。2つ選べ。
   A 原子核は2種類の粒子からなるが、そのうち正電荷を持つものを陽子、電気的に中性なものを中性子と呼び、陽子と中性子の重さはほとんど同じである。
   B 原子の質量数は、陽子と中性子の質量を合わせたものであり、電子の質量は加えない。
   C L殻には、s軌道、p軌道、d軌道が存在する。
   D 1s軌道と3s軌道は形状が相似しているが、収容可能な電子数は後者の方が多い。

第 2 章　電子配置と原子の性質

　原子の性質は、原子核の周りに存在する電子の状態によって決定される。言葉を変えるならば、電子の状態がわかればその原子の性質も類推可能であるといえる。そのため、電子がどの軌道にどのように分布するかを理解することは、原子の性質を理解するための近道となる。本章では、電子配置の規則とその実例、およびその電子配置によって決まる原子の性質について学ぶ。

2・1　スピンと電子配置

　電子がどの電子殻のどの軌道に収容されているかを示したものが**電子配置**である。また、電子は自転（スピン）した状態で軌道に収容されるが、その状態も電子配置に記載される。電子の回転方向は右回転と左回転の2種類しかなく、電子配置の表記ではその回転方向を上下の矢印で区別している（図2・1(b) 参照）。以下、電子配置の規則とその実例を説明する。

2・1・1　電子配置の規則

　電子は、特定の規則に従って軌道に収容される。その規則を要約すると以下のようになる。

　① 電子はエネルギーが一番低い軌道から順番に収容される。実際に収容される順番を**図2・1(a)**に示す。

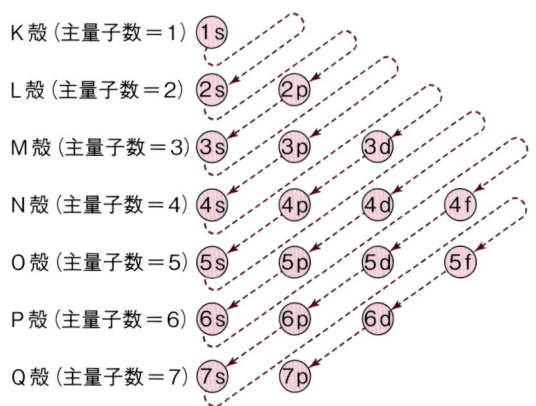

(b) パウリの排他原理。↑と↓で電子の自転方向を示す。2個の電子が互いに逆回転の自転をしながら、1つの軌道に収容される。

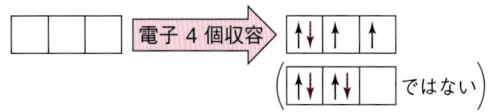

(c) フントの規則。エネルギーの等しい軌道が3個あるとき、まず電子は自転方向を同じにして1つずつ3個の軌道に収容されていく。続いて4個目の電子は、すでに収容されている電子とは逆向きの自転方向で軌道に収容される。

(a) 殻ごとに所属する軌道を横に並べ、右上から左下へ斜めの矢印を引く。この矢印の順に軌道のエネルギーが高くなる。電子もこの矢印の順で収容されていく。

図2・1　電子配置の規則

② 1つの軌道に収容できる電子は、最大で2個である。また、同じ軌道に2個の電子が収容される場合は、互いに自転（スピン）の方向が逆にならなければならない（図2・1(b)）。この規則は**パウリの排他原理**といわれている。

③ エネルギーが等しい軌道が複数あるとき、電子は自転（スピン）の向きを同じにして別々の軌道に収容される。全ての軌道に分散されて収容された後、2個目の電子が対を作って収容される。この規則は**フントの規則**と呼ばれる（図2・1(c)）。

2・1・2 電子配置の実例

図2・2は、実際の原子の電子配置を示している。各元素は、上記規則に従って電子を収容していることがわかる。

水素原子（H）：原子番号1で、1個の電子を持つ。この電子は電子配置の規則 ① に従い、エネルギーが最も低い1s軌道に収容される。

ヘリウム原子（He）：原子番号2で、2個の電子を持つ。そのため電子配置の規則 ①、② に従い、自転の方向を逆にしながら、エネルギーが最も低い1s軌道に2個収容される。これでK殻は満杯になる。

リチウム原子（Li）、ベリリウム原子（Be）：原子番号が3と4で、リチウムは3個、ベリリウムは4個の電子を持つ。電子配置の規則 ② により1s軌道は満杯になったため、一つ上のエネルギーを持つ2s軌道にも電子が収容される。

ホウ素原子（B）：原子番号5で、5個の電子を持つ。1s軌道、2s軌道が満杯になったため、さらに一つ上のエネルギーを持つ2p軌道にも電子が収容される。

炭素原子（C）、窒素原子（N）：原子番号が6と7で、炭素は6個、窒素は7個の電子を持つ。ホウ素原子と同様、1s軌道、2s軌道が満杯になったため、2p軌道に電子が収容される。このとき、フントの規則

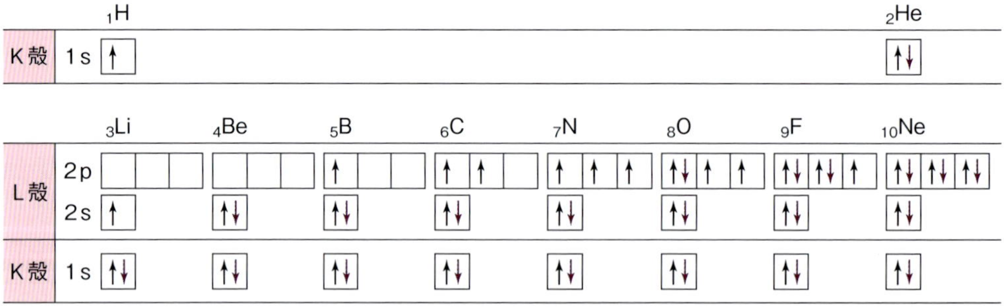

図2・2　原子の電子配置例

（電子配置の規則③）に従い、電子は自転の方向を同じにしながら分散して2p軌道に収容されていく。

酸素原子（O）、フッ素原子（F）、ネオン原子（Ne）：原子番号が8〜10で、酸素は8個、フッ素は9個、ネオンは10個の電子を持つ。5〜7個目の電子は自転方向を同じにして2p軌道に1つずつ収容され（フントの規則）、8個目からは自転の向きを逆にして2p軌道に再度収容されていく（パウリの排他原理）。電子10個のネオン原子で、L殻は満杯になる。

2・2 電子配置の状態

各元素ごとに電子配置は異なっている。この電子配置の違いが、元素の性質の違いを決める。そのため、電子配置の状態の名称やその状態に由来する性質を理解することは重要である。

2・2・1 最外殻と価電子

電子が入っている電子殻のうち最も外側の殻を**最外殻**といい、そこに収容されている電子を**最外殻電子**という。例えば水素（H）とヘリウム（He）はK殻が最外殻となり、リチウム（Li）からネオン（Ne）はL殻が最外殻となる。また、エネルギーの高い軌道に収容されている電子を**価電子**という。**典型元素**（3・2節、第9章等参照）では最外殻電子と価電子は同一である。価電子は、原子がイオンになったり、互いに結合するときに重要な働きをする。**図2・3**に炭素（C）の例を示す。

2・2・2 閉殻構造とオクテット則

He、Neのように、それぞれの最外殻に電子が定数まで満たされた状態を**閉殻構造**という（図2・2；He、Ne参照）。閉殻構造をとると原子

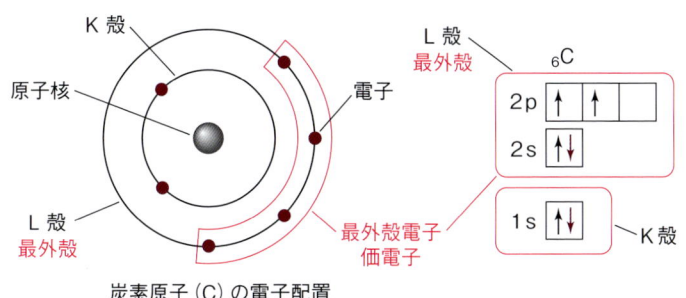

炭素原子（C）の電子配置

図2・3 炭素原子（C）における価電子と最外殻電子

14　第2章　電子配置と原子の性質

は極めて安定となり、イオンになったり結合を形成することが困難になる。典型元素においてこのような構造の原子群を**希ガス（貴ガス）**[*1]と呼び、最外殻電子が8個（ただし、Heでは2個）であることが特徴である。そのため希ガスでない典型元素は、電子を放出したり受け取ったりすることで、最外殻が希ガスと同じ8電子になって安定になろうとする傾向がある。この傾向を**オクテット則**という。

2・2・3　電子対と不対電子

電子配置の実例（2・1・2項参照）で示したように、パウリの排他原理およびフントの規則に従って、s軌道、p軌道に電子が入っていく（図2・2参照）。この電子配置をみると、電子が2個で対になっているものと、対にならず単独で存在しているものがある。対になっている電子を**電子対**といい、単独で存在している電子を**不対電子**[*2]という。また最外殻にある電子対は、特に**非共有電子対**と呼ばれる。例えば図2・2の窒素（$_7$N）を見ると、2p軌道には全て単独で電子が入っているため、これらを不対電子という。また2s軌道と1s軌道には2個の電子が対で入っているためこれらを電子対といい、最外殻（L殻）の電子対（2s軌道）を非共有電子対という。

この電子配置よりも、最外殻の電子の数や電子の状態をわかりやすく示したのが、**電子式**である。電子式は、最外殻電子に着目し、元素記号の周りに最外殻電子の数だけ点（・）を付けていったものである。電子式では、元素記号の上下左右のスペース（点が書き込まれる場所）をそれぞれ1つの軌道ととらえ、点の数がそのまま各軌道内の電子の数を示している。通常、典型元素でしか用いられない。電子式の書き方は、最外殻電子が4個までは元素記号の上下左右に点を1個ずつ書いていき、5個目以降は上下左右にさらに1個ずつ追加して書く[*3]。その結果、元素記号の周り（上下左右のスペース）の点が、そのまま最外殻の軌道の電子状態（価電子の状態）を示すこととなる。**図2・4**にリチウム（Li）からネオン（Ne）の例を示す。例えば、窒素原子の電子式[*4]をみると、1対の非共有電子対と3個の不対電子を持つことがよくわかる。また電子式では最外殻の電子しか示していないので、電子対は全て非共有電子

*1　空気中にわずかしか存在しない珍しい気体という意味で希ガスと名づけられた。存在量が少なく、抽出困難な気体であることから、発見が遅れた元素でもある。しかし、アルゴンは大気中に約1％程度含まれ、二酸化炭素（0.04％）よりはるかに高濃度である。そのため、"希（まれ）なガス"というよりは"貴（い）ガス"の方がふさわしいとの意見が多く、**IUPAC（国際純正・応用化学連合）** の 2005 年勧告で "rare gas（希ガス）" から "noble gas（貴ガス）" に変更された。今後、高校教科書においても貴ガスに代わっていくと予想される。

*2　この不対電子を持つ原子、分子、およびイオンのことを**ラジカル（radical）** という。

*3　ヘリウムの場合は例外で、:He と表す。ヘリウムは他の原子と結合を作らず、常に2個の電子が対になっているためである。

*4　窒素原子の電子式

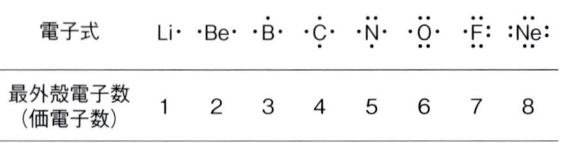

図2・4　電子式と不対電子・非共有電子対

なお、図2・2の電子配置と電子式を比較すると、電子の状態が完全に一致していない元素が存在する（$_4$Be, $_5$B, $_6$C）[*5]。これは、電子式が混成軌道（13・1節参照）の電子の状態を示しているためである。上記電子式の書き方では、結果として混成軌道を作った後の電子状態を示し、電子配置の図では、混成軌道を形成する前（原子軌道）の電子の状態を示すことになる。

2・3　イオンの生成と電子配置

電子の授受によって電荷を帯びた原子を**イオン**という。電子の授受は、通常価電子で起こる。一般に価電子の数が少ない原子（価電子数1〜3個）は、価電子を失って**陽イオン**になりやすい性質を持つ。また価電子の数が多い原子（価電子数6〜7個）は、最外殻に電子を受け取って**陰イオン**になりやすい性質を持つ。これは、**オクテット則**（2・2・2項参照）により、各元素が希ガス型電子配置のイオンになろうとするからである。**図2・5**に、ナトリウム（Na）と塩素（Cl）の例を示す。Naは1個の電子を失って1価の陽イオンNa$^+$となり、希ガスのネオン（Ne）と同じ電子配置となる。同様に、Clも希ガスのアルゴン（Ar）と同じ電子配置になることで、1価の陰イオンCl$^-$となる。

*5　例えば、炭素の例を示す。下図左の電子配置図では、不対電子2個と電子対1対が最外殻（L殻）の軌道に入っている。これをそのまま電子式に書くと下図右上の電子式になるが、実際は右下の電子式が正しい。

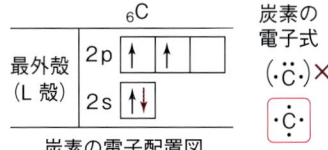

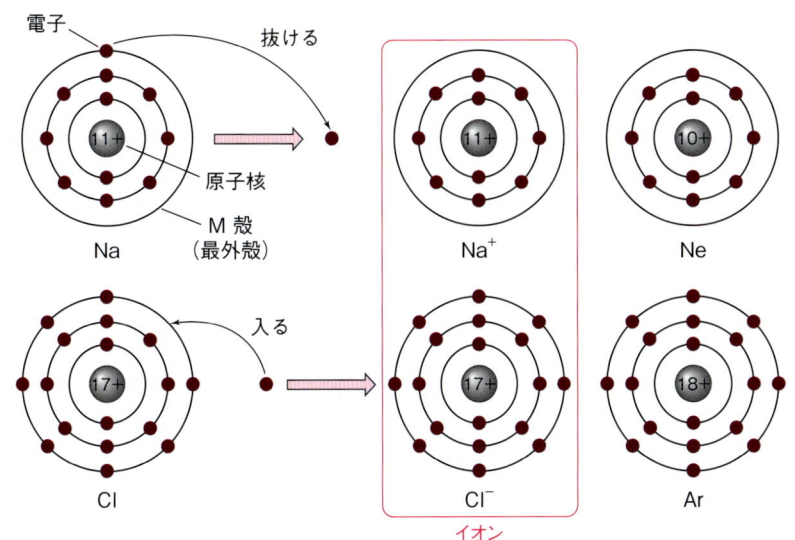

図2・5　電子の授受によるイオンの生成

2・4 イオン化エネルギー

前節で述べたように、原子の最外殻軌道から電子を1個取り除くと、1価の陽イオンとなる。このときに必要とされるエネルギーを**イオン化エネルギー**（**第一イオン化エネルギー**）という（図2・6）。また、2個目、3個目の電子を取り去るのに必要なエネルギーは、それぞれ第二イオン化エネルギー、第三イオン化エネルギーという。イオン化エネルギーは陽イオンへのなりやすさを示す尺度であり、一般にこの値が小さくなるほど陽イオンになりやすい。またイオン化エネルギーは、原子番号とともに周期的な変化を示す（3・3・2項参照）。

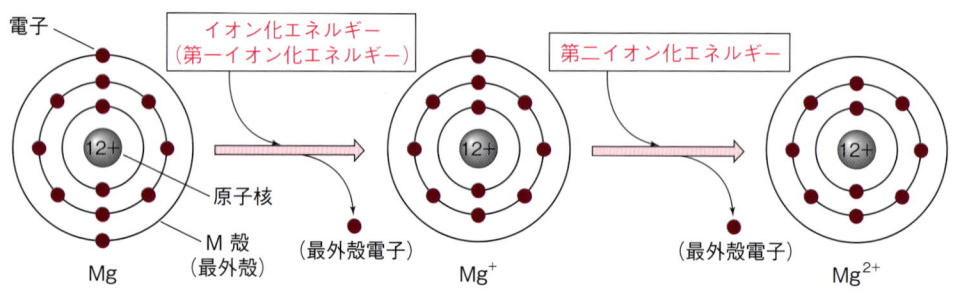

図2・6 マグネシウム（Mg）のイオン化エネルギー

2・5 電子親和力

原子が電子1個を受け取って陰イオンになるときに放出されるエネルギーを、**電子親和力**という（図2・7）。電子との親和性の高い原子は大きなエネルギーを放出するため、この値は原子の陰イオンへのなりやすさを示す尺度となる（この値が大きい原子ほど陰イオンになりやすい）。また電子親和力も、イオン化エネルギーと同様、原子番号とともに周期的な変化を示す。

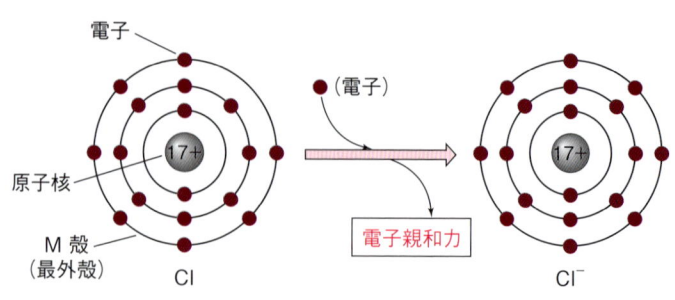

図2・7 塩素の電子親和力

COLUMN

パウリ効果

「パウリの排他原理」の発見で有名なヴォルフガング・エルンスト・パウリ（1900-1958）は、オーストリア生まれのスイスの物理学者である。パウリは、この原理の発見の他にも、β崩壊時に発生するニュートリノ（中性微子；第1章の側注11参照）の存在を予言するなど、20世紀で最も傑出した物理学者の一人である。このパウリ、研究業績の他にも一風変わった効果で知られている。「パウリ効果」と呼ばれるものである。

もともとパウリは実験が下手でよく実験機材を壊していたが、彼が実験機材に触れたり近づいただけでも壊れることで有名だった。この奇妙な現象を周囲の人たちは「パウリ効果」と呼んでいた。例えば、講義の内容に不満を持ったパウリが、講義後にその先生のところへ行ったときのことである。パウリが先生の座っていた長椅子の反対側に座った直後、先生の椅子の背もたれが壊れてしまった。また、ゲッティングの研究所で原因不明の爆発事故が起こったとき、研究員たちはパウリを疑ったが、当日パウリは出張で不在であった。しかしよく調べてみると、事故が起きた時間に、パウリが乗った列車がゲッティングの駅で停車していた。パウリが天文台の見学に誘われたときのことである。当初パウリは望遠鏡が高価であるという理由で断っていたが、周囲の説得によって見学に同行することになった。その結果、望遠鏡の蓋が落ち、粉々に壊れてしまった。ある歓迎会では、主催者がパウリ効果を実演させようとシャンデリアが落ちるという仕掛けを仕込んでいた。ところが、パウリが来てもシャンデリアは落ちなかった。シャンデリアを落とす仕掛け自体が壊れてしまったのである。

パウリ自身、このような評判をよく知っていて、パウリ効果が起こるたびに喜んだそうである。

■ 復習問題 ■

1. パウリの排他原理とは何か。
2. フントの規則とは何か。
3. 価電子とは何か。
4. 閉殻構造とは何か。
5. 以下の原子の電子配置図を示せ（図2・2参照）。
    A ₁₁Na   B ₁₄Si   C ₁₇Cl
6. 以下の原子の電子式を示せ（図2・4参照）。
    A ₁₂Mg   B ₁₅P   C ₉F⁻
7. イオン化エネルギーとは何か。
8. 電子親和力とは何か。
9. 17族元素は1価の陰イオンになりやすく、18族元素はイオンになりにくいのはなぜか。
10. 次の電子配置を持つ原子の元素記号を示せ。

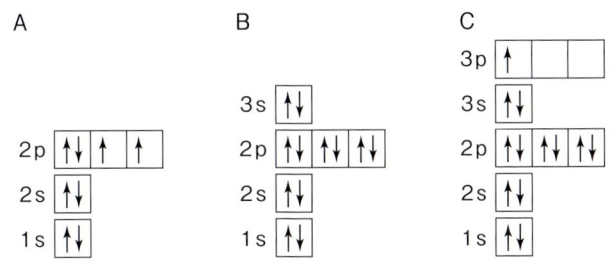

● **国家試験類題** ●

1. 電子配置に関する記述のうち、正しいものはどれか。2つ選べ。

   A　2p軌道は同一エネルギーの2つの軌道からなり、各軌道に電子を2個まで配置できるので、2p軌道全体では電子4個まで配置できる。

   B　炭素は1s, 2s, 2p, 2d軌道に電子を持っている。

   C　基底状態の酸素原子では、1s, 2s, 2p, 2dの各軌道に2個ずつ電子が入っている。

   D　基底状態における窒素原子の2p軌道上の電子は、全てスピンの方向が同じである。

   E　18族元素の最外殻電子はHeを除き、化学的に安定なs^2p^6の電子配置を持っている。

2. 元素に関する記述のうち、正しいものはどれか。2つ選べ。

   A　典型元素において、同周期の元素は最外殻電子の数が等しい。

   B　遷移元素は、p軌道に電子が充填されつつ並ぶ。

   C　アルカリ金属は、イオン化エネルギーが小さいため、陽イオンになりやすい。

   D　ハロゲンは、電子親和力が小さいため、陰イオンになりやすい。

   E　酸素原子は2個の不対電子を持つ。

第3章 周期表

　周期表は、化学のみならず物理学、生物学など数多くの学問分野で汎用されている。その理由は、元素の性質や法則が視覚的に理解しやすいためである。当然、医薬品開発においても、新薬の発見やその作用の解明に大きく貢献してきた。

　この周期表の優れた点は、よく似た性質のもの同士が縦に並ぶように、左上から原子番号順に配列されていることである。そのため、周期表を見るだけで元素の性質が予測できる。本章では、電子配置と周期表との関係を中心に、周期表ならびに周期律について学んでいく。

3・1 周期表と電子配置

　電子配置によって元素の化学的性質に影響を与える価電子の数は、周期的に変化する（**図 3・1**）。この周期性によって、元素のイオン化エネルギーや電子親和力などの物理化学的性質や元素の大きさも周期的に変化する。これを元素の**周期律**と呼ぶ。この周期律に従って、性質の似ている元素が縦に並ぶように原子番号順で並べたのが**周期表**である（**図 3・2**；本書表見返しも参照）。周期表は電子配置と密接に関連している。以下、電子配置に加えて、周期表の周期と族について解説する。

3・1・1 周 期

　周期表の横の列を**周期**という。上から順に第1周期、第2周期、…と呼ばれ、第7周期まである。**典型元素**では、同じ周期に属する原子の最外殻は同じである。すなわち第1周期の原子の最外殻はK殻、第2周期はL殻、第3周期はM殻である。

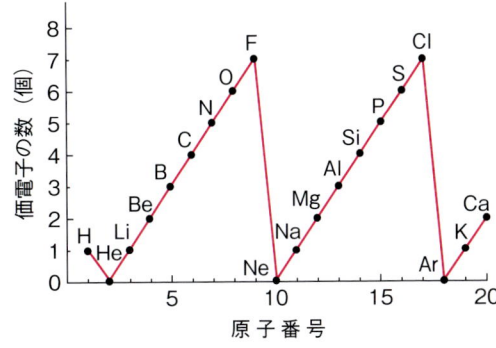

図 3・1　価電子数の周期性

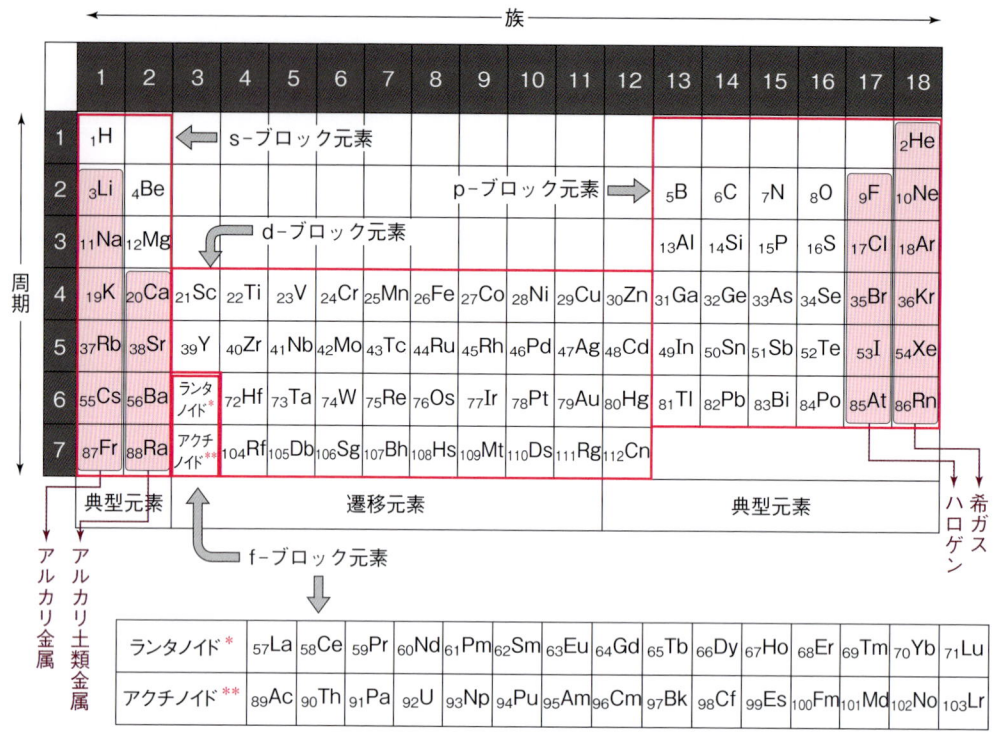

図 3・2　元素の周期表

3・1・2　族

周期表の縦の列を**族**といい，1 族から 18 族まである。同じ族の元素は似た電子配置を持ち，性質も似ていることから**同族元素**といわれる。1 族・2 族は，最外殻の s 軌道に電子が収容され，**s-ブロック元素**とも呼ばれる。また 13 族から 18 族は，最外殻の p 軌道に電子が順次収容されていき，6 個収容されたものが 18 族となる。これらは **p-ブロック元素**といわれる。3 族から 12 族は d 軌道に電子が収容され，特に 3 族のランタノイドとアクチノイドは f 軌道に電子が収容される。それぞれ **d-ブロック元素**，**f-ブロック元素**と呼ばれる（図 3・2）。

3・1・3　周期と族

周期表の第 1〜第 7 周期のうち，第 7 周期はまだ完成していない*1。

周期表の縦の列の 1 族から 18 族のうち，水素を除く 1 族元素 Li，Na，K，Rb，Cs，Fr を**アルカリ金属**といい，1 価の陽イオンになりやすい（9・2・1 項参照）*2。

2 族元素の Ca，Sr，Ba，Ra は**アルカリ土類金属***3 と呼ばれ，Be，Mg と共に電子 2 個を放出して 2 価の陽イオンになりやすい（9・2・2 項参照）。

*1　2014 年現在，原子番号 113 と 115 を除いた 116 までが，元素名まで確定している元素である。それ以外はまだ確定していないため，第 7 周期から先は未完成の周期となる。最も新しく確定した元素は，原子番号 114 のフレロビウム（Fl）と 116 のリバモリウム（Lv）である。2012 年 5 月に，IUPAC（国際純正・応用化学連合）によって発表された。なお日本の理化学研究所も，原子番号 113 の新元素を発見したと報告している（10・2・5 項参照）。

*2　アルカリ金属やアルカリ土類金属などの元素を含む化合物を炎の中に入れると，その元素に特有の色が炎に現れる。この現象を炎色反応という（9・2 節参照）。未知化合物に含まれる金属の推定などに用いられる。

*3　アルカリ土類金属の"土類"とは，水にも溶けず，火に燃えないという意味を持つ。地殻では火成岩または堆積岩のなかに多く見出される。

17族元素である F, Cl, Br, I, At は**ハロゲン**＊4と呼ばれ、電子を1個受け取って、1価の陰イオンになりやすい（9・5・2項参照）。

18族は**希ガス**（**貴ガス**；第2章側注1参照）と呼ばれ、極めて安定な元素群である。電子配置は**閉殻構造**（2・2節参照）をとり、他の元素と結合しない。通常、単体として存在する（9・5・3項参照）。

＊4　ハロゲンとは"塩を作る"という意味のギリシャ語に由来し、例えばナトリウムイオンと塩素では塩化ナトリウム、カルシウムイオンと塩素では塩化カルシウムの塩を作る。

3・2　典型元素と遷移元素

1族、2族および12族から18族を**典型元素**といい、3族から11族を**遷移元素**という（図3・2）。12族を除くと、s-ブロック元素、p-ブロック元素が典型元素に分類され、d-ブロック元素とf-ブロック元素が遷移元素となる。12族の元素は、d軌道に10個の電子が収容されることでd軌道が閉殻（2・2節参照）し、d-ブロック元素ではあるが遷移元素としての性質をほとんど示さない。そのため典型元素に分類される（10・1・1項参照）。また周期表上、典型元素は縦の並び（族）の元素同士の性質は似ているが、横に並んだ元素の性質は顕著に異なる。これに対し遷移元素は、横に並んだ元素同士の性質が似ている場合がある（10・1・2項参照）。

遷移元素の特徴としては、① 全て金属元素であり、② 陽イオンになりやすく、③ 酸化還元反応によって原子価が多様に変化し、④ 配位化合物（**錯体**という）を作る、などがあげられる（第10章参照）。特に生物は、遷移元素特有の上記性質③, ④ を巧みに利用して、呼吸や酵素の活性化に遷移元素を利用している。生体に重要な錯体としては、ヘモグロビン中のヘム、ヘモシアニン、P450中のヘム、シトクロム中のヘム、クロロフィル、シアノコバラミン（ビタミンB_{12}）がよく知られている（10・3節参照）。表3・1にその錯体の性質をまとめて示した。

表3・1　生体に重要な錯体

錯体名	中心金属	色	価数	機能
ヘモグロビン中のヘム	Fe	鮮紅～赤褐色	2価	酸素分子の運搬（脊椎動物）
ヘモシアニン	Cu	青色	1価-2価	酸素分子の運搬（軟体動物，節足動物）
P450中のヘム	Fe	－	2価-3価	薬物代謝（主に酸化）
シトクロム中のヘム	Fe	－	2価-3価	呼吸（電子伝達）
クロロフィル（葉緑素）	Mg	緑色	2価	光合成
シアノコバラミン（ビタミンB_{12}）	Co	赤褐色	3価	抗悪性貧血

3・3 周期性

元素を原子番号の順に配列すると、周期的に性質の似た元素が現れる。この法則を元素の周期性という。本節では、原子半径、イオン化エネルギー、電気陰性度の周期性について解説する。

3・3・1 原子半径の周期性

図3・3左は原子番号と原子半径の関係を示したグラフである。原子番号が増えるに従って徐々に原子が小さくなるが、1族元素 (Li, Na, K) になると原子が大きくなるという現象を周期的に繰り返している。原子番号が大きくなるほど正電荷を持つ陽子の数が増加し、負電荷の電子をより強く原子核に引き寄せるため、18族元素まで原子が小さくなるのである。しかし18族元素から原子番号が1つ増えると、外側の殻の軌道に新たに電子が収容されるため、原子が大きくなる。周期表で見るならば、左下 (1族の下方) に向かうほど原子は大きくなり、右上 (18族の上方) に向かうほど原子は小さくなる傾向がある (**図3・3右**)。

この現象はイオンにおいても同様である。例えば、最外殻がL殻 (希ガスNeと同じ電子配置) のイオン O^{2-}, F^-, Na^+, Mg^{2+}, Al^{3+} では、この順で原子核の正電荷が増し、電子がそれにつれてより強く原子核に引かれるためにイオンは小さくなる。S^{2-}やCl^-になると最外殻がM殻 (Arと同じ電子配置) になるため、イオンは一回り大きくなる。

また、原子の大きさとイオンの大きさを同一元素で比較すると、陰イオンはもとの原子より大きく、陽イオンは小さい。これも上記と同じ理由である。陽イオンになると相対的に軌道電子より原子核の正電荷が多

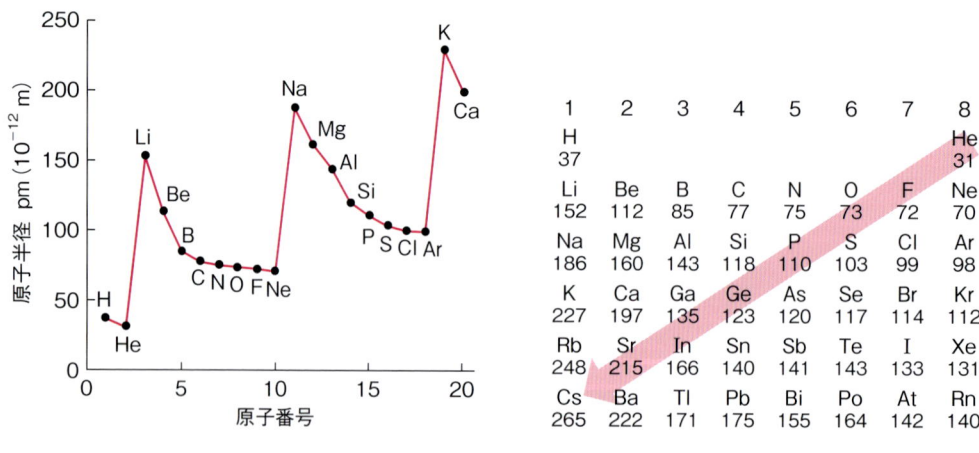

図3・3 主な原子の原子番号と原子半径 (単位 pm)

くなるため、より強く軌道電子を原子核に引き付け原子半径が小さくなる。また、陰イオンになると相対的に軌道電子の数が原子核の正電荷よりも多くなるため、原子核から電子が離れ原子半径が大きくなる。図3・4にNaとClの例を示す。

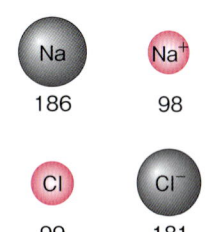

図3・4 NaとClの原子半径とイオン半径の比較（単位pm）

3・3・2 イオン化エネルギーの周期性

図3・5左は、原子の第一イオン化エネルギー（2・4節参照）と原子番号の関係を示したグラフである。原子番号が増えるに従い徐々にイオン化エネルギーが増加し、18族の希ガス元素（He, Ne, Ar）で最大になる。その後、1族元素（Li, Na, K）でイオン化エネルギーが大きく減少する。イオン化エネルギーの値は、この現象を周期的に繰り返している。これは、1族元素は最外殻の電子1個を放出して安定な閉殻構造を作ることで容易に陽イオンになるが、17族元素は電子を1個収容して閉殻構造を形成しやすいため、電子を放出しにくくイオン化エネルギーが高くなることに由来する。18族元素では、すでに安定な閉殻構造で存在しているため、電子の放出は極めて困難であり、イオン化エネルギーが最大になる。また同族元素の比較では、原子番号が大きくなるに従い電子は原子核から離れるため、電子と原子核の引き合う力が弱くなりイオン化エネルギーは低下する。周期表で見るならば、左下（1族の下方）に向かうほどイオン化エネルギーは小さくなり、右上（18族の上方）に向かうほどイオン化エネルギーは大きくなる傾向を示す（図3・5右）。

3・3・3 電気陰性度の周期性

電気陰性度とは、原子が結合電子を自分自身の方へ引き寄せる能力を

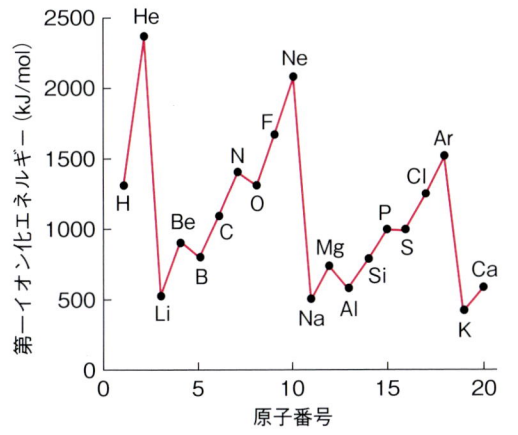
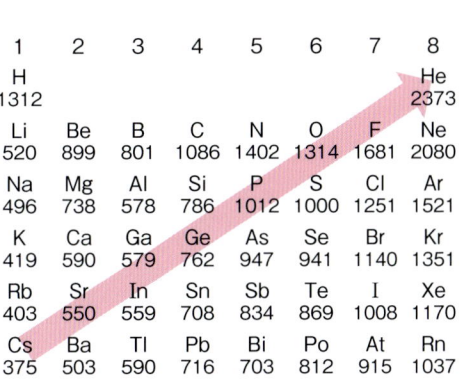

図3・5 主な原子の原子番号と第一イオン化エネルギー

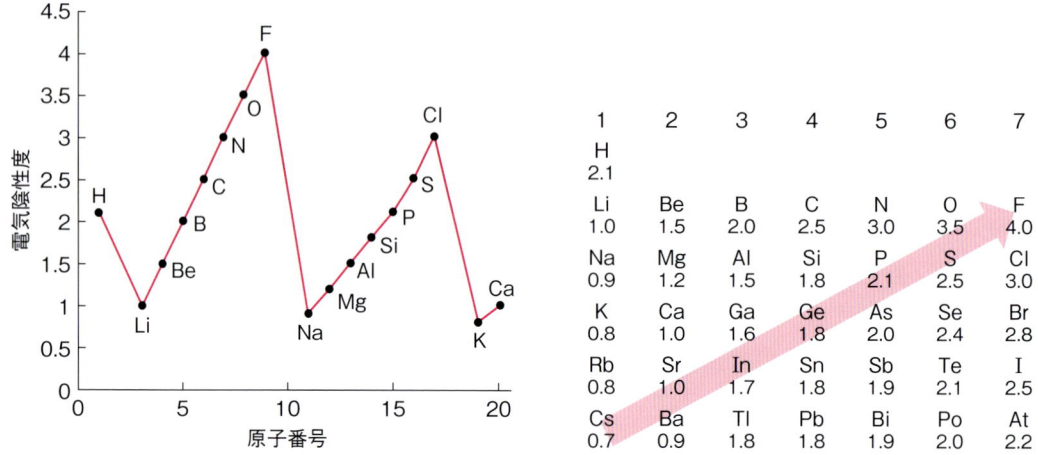

図3・6 18族元素を除いた主な原子の原子番号と電気陰性度

示す尺度である。すなわち、電気陰性度の高い原子ほど、電子を引き付ける力が強い。図3・6左は、18族元素以外の主な元素の電気陰性度と原子番号の関係を表したグラフである。イオン化エネルギーと同様に、原子番号が増えるに従い徐々に電気陰性度が増加し、17族のハロゲン元素（F, Cl）で最大になった後、1族元素（Li, Na, K）で電気陰性度が大きく減少するという現象を周期的に繰り返す。電気陰性度は電子を引き寄せる力を示すため、電子を放出して閉殻構造をとる1族元素が最も陽イオンになりやすく、電気陰性度が低い。また、電子を収容して閉殻構

OLUMN

メンデレーエフと周期表

　ドミトリー・イワノヴィチ・メンデレーエフ（1834-1907）は、周期表を作ったロシアの化学者である。当時、63種類の元素が知られていたが、それらを体系的に分類しその関連性や法則性を扱う理論はなかった。そこでメンデレーエフは、原子量がその解明の鍵になると考え、元素を原子量の順に並べてみた。当然他にも同じことを試みた化学者もいたが、メンデレーエフの優れていたところは、原子量だけではなく原子価（元素の結合手の数のこと）も考慮に入れたことにある。これは、左から右に原子量順に原子を並べるだけではなく、同じ原子価の元素が上下に来るように何段にも重ねて並べることであった。この表が周期表の原型となる。加えてメンデレーエフは、この周期表にはいくつかの空欄があることにも気がついた。彼は、未発見の元素がこの空欄に入ると考え、未発見元素の性質も予言した。それが後に発見されるガリウム、スカンジウム、ゲルマニウムであった。これは、それまで結果を解釈する学問であった化学が、周期表の発見によって元素の法則性・周期性が見出され、予測可能な学問にまで進化した瞬間でもあった。

　メンデレーエフの業績は周期表の発見にとどまらない。溶液理論の研究、液体-蒸気系の研究、石油の分別蒸留法や無煙火薬の開発にも大きく貢献し、石油の輸送にパイプラインを利用するというアイデアも彼によって初めて提案された。大変な勤勉性と研究遂行能力を兼ね備えた天才であった。

造をとる 17 族ハロゲン元素が最も陰イオンになりやすく、電気陰性度も高い。18 族元素は結合を作らないため、電気陰性度とは無関係である。同族元素の比較では、原子番号が大きくなるに従い電子は原子核から離れるため、電子と原子核の引き合う力が弱くなり、電子を引き付ける力が低下する。そのため、原子番号が増えると電気陰性度も低下する。したがって 18 族を除いた周期表では、左下（1 族の下方）に向かうほど電気陰性度が低く、右上（17 族の上方）に向かうほど電気陰性度は高くなる傾向を示す。F が最も高い値をとる（**図 3・6 右**）。

■ **復習問題** ■

1. 周期表とは何か。
2. 炎色反応とは何か。また何に用いられるか。
3. 12 族元素は、d-ブロック元素でありながら典型元素に分類される。その理由を示せ。
4. アルカリ土類金属に属する元素はどれか。
5. 遷移元素の特徴を 4 つあげよ。
6. 周期表では、左下（1 族の下方）に向かうほど原子は大きくなり、右上（18 族の上方）に向かうほど原子は小さくなる。その理由を示せ。
7. 中性の原子に比べ陽イオンは小さく、陰イオンは大きい。その理由を示せ。
8. 周期表では、左下（1 族の下方）に向かうほどイオン化エネルギーは低くなり、右上（18 族の上方）に向かうほどイオン化エネルギーは高くなる。その理由を示せ。
9. 18 族元素の希ガスは、同一周期内の原子と比べてイオン化エネルギーが非常に高い。その理由を示せ。
10. 18 族を除いた周期表では、左下（1 族の下方）に向かうほど電気陰性度が低く、右上（17 族の上方）に向かうほど電気陰性度は高くなる。その理由を示せ。

● **国家試験類題** ●

1. 周期表の元素に関する記述のうち、正しいものはどれか。1 つ選べ。
    A　Na や Li はアルカリ土類金属である。
    B　典型元素において、同周期の元素は最外殻電子の数が等しい。
    C　遷移元素は、p 軌道に電子が充填されつつ並ぶ。
    D　遷移元素において、同周期よりも同族元素の方が、化学的性質が類似している。
    E　He を除く希ガスの最外殻電子は 8 個である。
2. 原子の性質に関する記述のうち、正しいものはどれか。2 つ選べ。
    A　硫黄、酸素、炭素、窒素のうち、最も電気陰性度が大きな原子は酸素である。
    B　イオン化エネルギーが大きい原子ほど陽イオンになりやすい。
    C　希ガス以外の原子においては、電子親和力が大きい原子ほど陰イオンになりやすい。
    D　アルカリ金属は、イオン化エネルギーが大きいため、陽イオンになりやすい。

第4章 化学結合

　自然界にあるほとんどの物質は、原子が化学結合で結びついてできている。化学結合を理解することは、自然界に対する科学的な理解を深めることにつながる。医薬品を開発し製造するときや、医薬品が私たちの体の中で作用するときにも、化学結合は大変重要な役割を果たす。そのような化学結合の種類と基本的な性質について学習しよう。

　原子と原子とをつなぐ化学結合には、比較的強い化学結合と、相対的に弱い結合である分子間相互作用がある。強い原子間の化学結合は、その性質によって3種類に分類できる。イオン結合、共有結合、金属結合である。結合の種類によって物質の性質は異なる。また、分子間相互作用には、双極子相互作用、水素結合、疎水性相互作用がある。

4・1 原子に働く引力と斥力

　原子間に**化学結合**が形成されるとき、結合する原子には**引力**と**斥力**が働き、両者はつり合っている。化学結合の基本を理解するには、単純な原子のモデルを用いて、引力と斥力について理解する必要がある[*1]。

4・1・1 原子に働く引力

　正の点電荷と負の点電荷の間には**クーロン引力**が働く。正電荷を持つ原子（陽イオン）や負電荷を持つ原子（陰イオン）は、原子から充分離れて見れば、点電荷と見なすことができる。このような正負の電荷を持った2つの原子間には、クーロン力に基づく静電的な引力が働く。

　一方、電気的に中性の原子には外見的な電荷はないが、原子が原子核と電子からなることはすでに学んだ。原子核は原子の大きさに比較して充分小さいことから、正電荷を持った点として近似できる。一方、負電荷を持つ電子は、電子雲として原子核の周囲に原子の大きさ程度に広がっていると考えることができる。電気的に中性の原子同士が一定の距離に近づくと、電子雲は重なり合い、重なった部分は電子雲が濃い状態と見なすことができる。正電荷を持った2つの原子核とその間にある濃い電子雲は、正電荷 — 負電荷 — 正電荷と並び、負電荷を持った電子雲が糊のような役割を果たし、原子核を引きつける力が働く。これは共有結合の場合が該当する。

4・1・2 原子に働く斥力

　同じ符号の電荷を帯びた粒子同士には**クーロン斥力**が働く。原子においても、原子核同士、電子雲同士は、それぞれ同じ符号の電荷を持っているため、反発し合う。原子同士が近づきすぎると、互いの原子核同士

[*1] 斥力とは、互いに退け合う力のことである。磁石のN極とN極、S極とS極のように同じ極同士は退け合う性質があるが、このとき働いている力は斥力である。同様に、正電荷同士、負電荷同士の間にも斥力が働く。

の電荷の反発からエネルギー上不利になる。

　原子同士には、引力と斥力が働くので、引力、斥力の種類や電荷の大きさに応じて、一定の距離を保って安定となる（実際は一定の平均値の前後で振動している）。このようなバランスのとれた位置に原子同士が配置された状態が、原子同士が化学結合している状態といえる。

4・2　オクテット則と化学結合

　第2章で学習した**オクテット則**は、化学結合の生成を簡便に説明する方法として有用である。オクテット則を用いることで、化合物の化学結合における電子のあり方を簡潔に表すことができる。

4・2・1　オクテット則の復習

　オクテット則を適用すると、化学結合の形成、特にイオン結合や共有結合の直観的な理解の助けになる。ナトリウム（Na）は、1電子失って、Neと同じ電子配置（最外殻に電子8個）を持つナトリウムイオン（Na$^+$）になりやすく、フッ素（F）は1電子受容して、Neと同じ電子配置を持つフッ化物イオン（F$^-$）になりやすい性質が、オクテット則からわかる。ナトリウムとフッ素が共存すると、ナトリウムは1電子を放出し、フッ素は1電子を受容して、Na$^+$とF$^-$となって安定な塩を形成する（実際には爆発的な反応が起こる）。第1周期の水素はやや例外的で、1電子受容してHeと同じ電子配置を持つH$^-$（ヒドリドと呼ぶ）にもなりうるが、より一般的には、1電子を放出して電子を持たない水素イオン（H$^+$）になる[*2]。

　オクテット則は、イオンの性質を説明できるだけでなく、後述する共有結合の形成においても理解の助けになる重要な考え方となる。

4・2・2　原子軌道とオクテット則

　第2章では原子殻とオクテット則の関係を学んだが、原子殻を構成する原子軌道とオクテット則の関係も理解しておくと、原子の性質がよりわかりやすい。フッ素の原子軌道を例に、原子軌道とオクテット則の対応を考えてみよう。フッ素は、1s軌道に2個、2s軌道に2個、2p軌道に5個の合計9個の電子を持っている。この電子配置を$[(1s)^2(2s)^2(2p_x)^2(2p_y)^2(2p_z)^1]$のように表す（図4・1）。フッ素の最外殻はL殻（主量子数$n=2$）であるので、2s、2p軌道が最外殻にあたる。2s軌道は1種、2p軌道は3種（$2p_x, 2p_y, 2p_z$）あるので全部で4つの軌道があり、最大8個の電子を収容するが、フッ素では、2s軌道に2個、2p軌道

[*2]　**水素イオン（プロトン）とヒドリドイオン**
水素原子は、K殻（1s軌道）に1つの電子を持つ原子である。この電子が何らかの反応により失われると水素イオン（H$^+$）となる。一方、水素原子は、K殻に電子を受け入れることもできる。K殻は最大2個までしか電子を受容できないので、この状態で閉殻となる。電子を1つ受容した水素原子は、ヒドリドイオンと呼ばれ、「H$^-$」と表す。水素イオンと比べると見慣れない形かもしれないが、還元反応を起こしたり、強い塩基性を示したり、と合成化学反応に役立つイオンである。

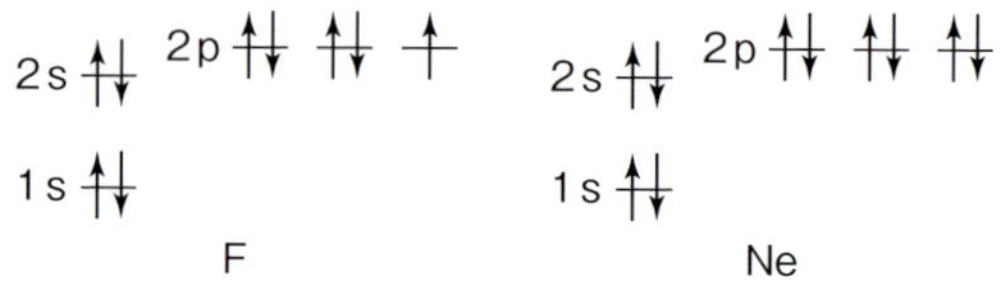

$$2s\,\uparrow\downarrow \quad 2p\,\uparrow\downarrow\ \uparrow\downarrow\ \uparrow \qquad 2s\,\uparrow\downarrow \quad 2p\,\uparrow\downarrow\ \uparrow\downarrow\ \uparrow\downarrow$$
$$1s\,\uparrow\downarrow \qquad\qquad\qquad\qquad 1s\,\uparrow\downarrow$$
$$\text{F} \qquad\qquad\qquad\qquad \text{Ne}$$

F：$(1s)^2(2s)^2(2p_x)^2(2p_y)^2(2p_z)^1$
Ne：$(1s)^2(2s)^2(2p_x)^2(2p_y)^2(2p_z)^2$

図4・1 フッ素とネオンの原子軌道

3種にそれぞれ、2個、2個、1個の電子が入っているので、$2p_z$ 軌道にあと1つ電子が入ることで閉殻となり、ネオンと同じ電子配置になって安定化することがわかる。オクテット則に従った電子の放出や受容は、最外殻の原子軌道の充足の様子を反映しているといえる。

4・2・3 オクテット則と電子式

第2章で学習した**電子式**は、アメリカの化学者ギルバート・ルイス (Gilbert Lewis) が提唱したものである。最外殻電子が8個になることで安定するので、元素記号の上下左右に2個ずつ点として配置した電子を、最外殻原子軌道に2個ずつ収容された電子と見なすと、原子軌道との対応がはっきりする (ただし、多重結合ではこれと異なる変則的な表示をすることがある)。電子式は、オクテット則と化学結合の関係を表すのに便利である。電子式で表示すれば、化学結合を形成した原子がオクテット則を満たしていることがわかりやすい (**図4・2**)。また、4・3・2項で述べる共有結合についても、価電子を共有している状態をわかりやすく表示できる。

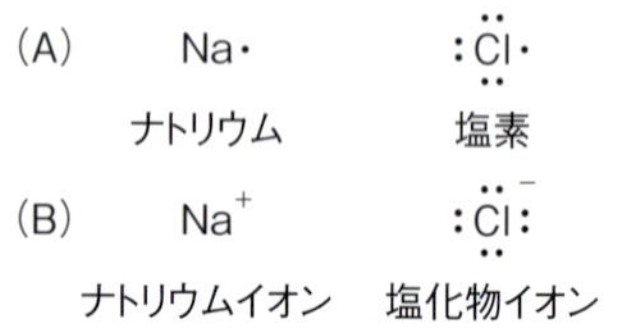

(A)　　Na・　　　:Cl̈・
　　ナトリウム　　塩素

(B)　　Na⁺　　　:C̈l̈:⁻
　　ナトリウムイオン　塩化物イオン

図4・2 電子式で表した (A) ナトリウム、塩素原子、および (B) それらのイオン (ナトリウムイオンは、一周期前のネオンと同じ電子配置となりオクテット則を満たす)

ナトリウムと塩素はオクテット則を満たしていない。ナトリウムが1電子放出してナトリウムイオンとなり、塩素が1電子受容して塩化物イオンとなれば、両者はイオン結合 (4・3・1項参照) できる。

4・3 化学結合の種類と性質

4・3・1 イオン結合

イオン結合は、2つの原子が静電的相互作用によって結び付いている結合である。結合する2つの原子の電気陰性度が大きく異なる場合、一方の原子の電子が、他方の原子に移動し、それぞれ正と負の電荷を持った粒子となる。このとき2つの粒子には電荷に基づくクーロン力が生じ、互いに引き合って結合する。

原子は、最外殻の電子配置がオクテット則を満たすとき安定となることはすでに学んだ。アルカリ金属原子は最外殻に価電子を1つ持ち、これを失うことでオクテット則を満たし1価の陽イオンになりやすい。一方ハロゲン原子は、最外殻に7つの電子を持ち、1つの電子を受け取り

1価の陰イオンになりやすい。例えば、金属ナトリウム（Na）は、1電子失ってNa^+になりやすく、塩素原子（Cl）は、1電子得てCl^-になりやすい（図4・2参照）。ナトリウムの原子と、塩素の原子が互いに近づくと、ナトリウムから1電子が失われ、塩素原子が1電子受け取って、互いに安定なイオンとなり、生じたナトリウムイオン（Na^+）と塩化物イオン（Cl^-）の間には、クーロン力が働く。ナトリウム原子と塩素原子からなる塩化ナトリウム NaCl では、Na^+とCl^-がイオン結合している状態が合理的であり、塩化ナトリウムの結晶はイオン結合している。

　イオン結合はクーロン力による結合であり、他の種類の結合に比べて強い結合であるが、それぞれのイオンが安定に存在できる条件が整うと、簡単に切断される。水中に塩化ナトリウムが容易に溶解するのがよい例である。水分子は、特別に極性が高い分子であり、部分的に電荷を有する特殊な分子である（4・4・2項参照）。このため、Na^+やCl^-の周りに、部分的な電荷を有する水分子が引き寄せられて、イオンを取り囲むことによって安定化する。これを**水和**[*3]と呼ぶ。このため、NaCl は、水中で容易にNa^+とCl^-に分離して水和され溶解する。

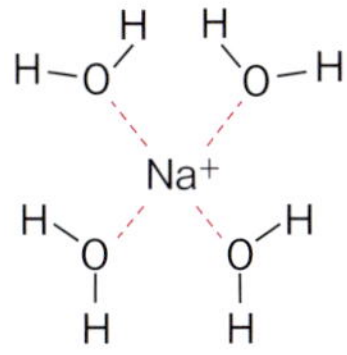

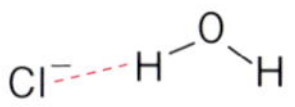

4・3・2　共有結合
A　オクテット則と共有結合

　有機化合物によく見られるような、炭素原子同士の結合の場合には、前項のイオン結合の考え方では、結合することの合理性が説明できない。同種の原子では電気陰性度が等しいため、一方が電子を失い、他方が受け取る、ということがエネルギー的に有利にならないからである。このような同種の原子同士の結合では、価電子が2つの原子核が近づく際に仲立ちとなって、2つの原子を引きつけている。価電子を互いの原子が「共有」することでオクテット則を満たして安定な電子配置となると解釈できることから、**共有結合**と呼ぶ。例えば、電子を7個有する塩素原子2個が共有結合した塩素分子（Cl_2）は、互いに電子を1つずつ共有し合うことで、それぞれの塩素原子がオクテット則を満たす構造をとることができるので安定化する（図4・3）。

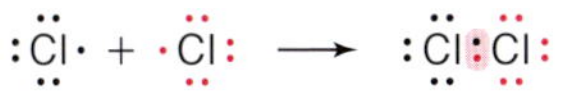

B　分子軌道と共有結合

　実際の共有結合の安定性は、**分子軌道**を考えることで説明できる。それぞれの原子が持つ価電子の原子軌道は、2つの原子が接近するとき重なり合い、新たに分子軌道を形成する。このとき、より安定な**結合性分子軌道**と、より不安定な**反結合性分子軌道**が生成し、価電子は結合性分子軌道に収容されるため、安定な結合を維持できる。もし、分子軌道が

[*3]　**水和の模式図**
ナトリウムイオンには水分子の酸素が弱く結合し、塩化物イオンには水分子の水素が弱く結合している。

図4・3　塩素分子に見られる共有結合
塩素原子2個が共有結合し、塩素分子（Cl_2）を生成するとき、Cl と Cl の間に共有結合が生成する。2つの塩素原子は、それぞれ1電子ずつを融通し合うことで、各塩素原子はオクテット則を満たすことができる。

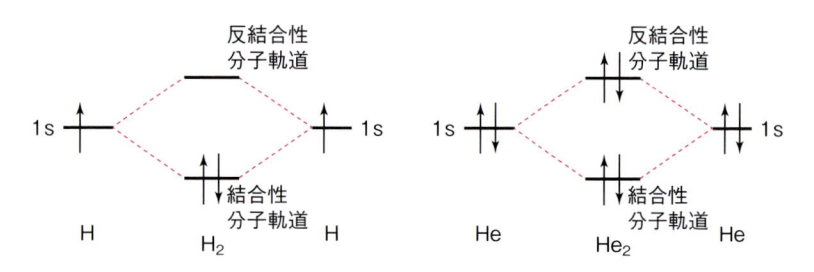

図4・4 水素とヘリウムが二原子分子を形成するときの分子軌道の生成

生成するとき、反結合性分子軌道に結合性分子軌道と同様に電子が収容されるなら、結合することによるエネルギーの安定化が起こらず、結合は維持できない。ヘリウム原子(He)は二原子分子を形成しないが、これは、共有結合を形成しようとしても、反結合性分子軌道に2つも電子を収容しなくてはならないため、結合が維持できないからである（図4・4）。

4・3・3 金属結合

多くの金属の単体は**導電性**がある。これは、金属の原子が結合しているときに、電子の動きの自由度が非常に大きいためである。金属の単体では金属原子が互いに規則正しく整列し結晶状態を形成しているが、価電子が金属原子から離れ、結晶中を自由に移動できる状態にある。この電子を**自由電子**という。金属は、価電子が離れて生じる金属の陽イオンと自由電子の負電荷がクーロン力で強く結びついている状態にある。このため、一般に金属は導電性を示し、また結晶の原子核と電子の配置が共有結合のようには固定されていないため、**展性**や**延性**を示す。

4・4　結合の分極

化学結合には、イオン結合や共有結合のような強い結合とは異なる弱い結合も存在する。このような結合は、共有結合のような典型的な化学結合と区別するために**相互作用**と呼ばれることもある。しかし、一つ一つの結合力が弱くとも、多数の結合が生じることにより、実質的に大きな結合力を生む場合があるため、特に分子間の結合や分子の立体配座において重要な結合である。このような弱い結合においては、分子や官能基 (14・2 節参照) の**分極**が重要となる。分子や官能基が分極すると、部分的な正負の電荷が生じ**双極子**となる。双極子とは、正電荷と負電荷に電荷が分離した構造である (側注5参照)。双極子はベクトルで表すことができ、分極が大きいほど大きな**双極子モーメント**[*4]を持つ。双

*4　双極子モーメントは、分極した分子や官能基 (双極子) の性質を表す指標の一つである。簡単にいえば、分極した電荷の大きさ Q と分極のベクトル（方向と距離）r との積（外積）として表され、分極の程度と方向を示す指標といえる（分極はベクトルであるので、双極子モーメントもある大きさを持ったベクトルである）。通常 μ で表される。
双極子モーメント
$$\mu = Q \times r$$

極子と双極子の間には、その正電荷、負電荷を帯びた部分で、静電的な引力・斥力が発生する。これが弱い結合に寄与する。

4・4・1 結合の分極

炭素原子と炭素原子が共有結合している場合、結合に寄与する電子（結合電子）は、結合する炭素の2つの原子核の間に存在する。同じ種類の元素であるので、結合の電子は原子の間に対称に分布しているだろう。

異なる種類の元素が共有結合する場合はどうだろうか。炭素と塩素が共有結合しているとき、結合の電子は塩素側に偏っている。これは、炭素よりも塩素の方が電気陰性度が高く、電子をより引き付ける性質があるからである。このとき、炭素原子はどちらかというと正の電荷を持ち、塩素原子はどちらかというと負の電荷を帯びる。このように電荷に偏りが生じている結合を「分極している」という。分極している結合は双極子となっている[*5]。

二重結合の場合でも同様に考えることができる。カルボニル基は、炭素と酸素が二重結合で結ばれている。炭素に比べて酸素の電気陰性度が高いので、この結合の電子は酸素側に偏る。ここでは、σ結合の電子に加えて、π結合の電子も偏る[*6]（σ結合、π結合については13・2節も参照）。π結合の電子が大きく偏るため、カルボニル基は大きな分極を示し、炭素は部分的に正に（$\delta+$と表す）、酸素は部分的に負に（$\delta-$）帯電し双極子となる（側注5）。この分極は、カルボニル基の反応性にも大きく影響し、電子豊富な反応剤は$\delta+$性を持ったカルボニル基の炭素と反応することが知られている。

4・4・2 分子の極性

分極した結合を持つ分子は、分子全体としてみても電荷の偏りが生じていることになる。このような分子は、結合の分極の方向に極性を持っている。多くの分子では、複数の結合に分極が生じているが、その場合は、それぞれの分極で生じる双極子モーメントのベクトル和が分子の極性として現れる。例えば、水分子（H–O–H）は、酸素を頂点として104.5°の角度に折れ曲がった分子構造を持っている。水素と酸素の結合電子は、酸素の大きな電気陰性度のために酸素側に偏っており、分極している。H–O結合の分極は、その結合に沿った双極子モーメントを持っているが、2つのH–O結合の双極子モーメントが104.5°の角度で交差するため、水分子全体の極性はそれらのベクトル和となり、水分子の中央を横切る方向になる（図4・5）。

[*5] 双極子と分極
正負一対の電荷が一定の距離に配置されているとき、それを双極子と呼ぶ。

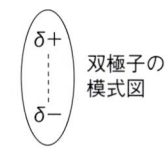

双極子の模式図

有機化合物では元素の電気陰性度によって、結合に関わる電子に偏りが生じることがある。これを結合の分極と呼ぶ。結合が分極すると、一方の原子が正電荷を帯び、他方が負電荷を帯びることになり、双極子となる。

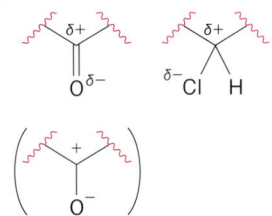

分極した結合に生じた双極子

[*6]

σ結合：軌道の軸方向（縦向き）に結合

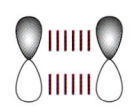

π結合：軌道の軸に垂直方向（横向き）に結合

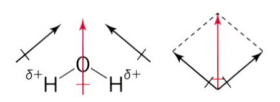

図4・5 水分子の極性
赤で示した矢印が水分子全体の極性を表す。右は、双極子モーメントを表すベクトルを、ベクトル和がわかりやすい形に描き直した図。

4・5 分子間に働く力の種類と性質

前節で学んだ結合の分極や双極子の形成は、共有結合でない分子間の弱い結合において重要な役割を果たす。また、分子内に生じた正電荷や負電荷も、分子間に静電的な引力を生じる。このような分子間に生じる結合には、いくつかの異なる形式のものがある。

4・5・1 双極子相互作用

結合の分極により生じた双極子は、別の双極子とそれぞれの正電荷部分と負電荷部分が分子間で静電的に引き合って弱い結合を形成する。このような双極子同士の結合を**双極子相互作用**[7]と呼ぶ。分極の程度によって結合の強さは異なるが、イオン化と違って部分的な電荷に留まるので、一般的にはイオン結合よりも弱い結合である。イオン結合の結合エネルギーが 21〜42 kJ/mol であるのに対し、双極子相互作用の結合エネルギーは 4〜29 kJ/mol 程度である。

4・5・2 水素結合

酸素原子や窒素原子など電気陰性度が高い原子に結合した水素原子は、分極して正電荷を帯びやすい。これは、水素原子とこれらの原子との電気陰性度の差が非常に大きく、さらに水素原子が小さいために正電荷密度が高くなることに起因する。ヒドロキシ基 —OH やアミノ基 —NH$_2$ の水素原子がこれにあたる。

このような電子が不足している水素原子は、電子が豊富な原子すなわち分極して部分的に負電荷を帯びた原子や、非共有電子対を持つ原子と親和性が高い。例えば、ヒドロキシ基の水素原子は、カルボニル基の酸素原子に強く引きつけられる。このような分極した結合の水素原子と、非共有電子対を有する電子豊富な原子との間の結合を**水素結合**と呼ぶ（**図4・6**）。水素結合の結合エネルギーは、双極子相互作用と同程度であり、4〜29 kJ/mol 程度の結合エネルギーを持つ。カルボニル基と水素原子が水素結合（C=O…H の O—H 結合）を形成すると、アルコールの H—O 間共有結合は弱められる。このため、水素結合をしているアルコールの H—O 結合は通常のアルコールよりも長くなっており、水素原子は水素イオン（プロトン）に近い性質を示す。水素結合において、水素原子を与える側の官能基をプロトン供与体（水素イオン供与体）、電子豊富で水素原子を受けとる側の官能基をプロトン受容体（水素イオン受容体）と呼ぶ。

[7] 双極子相互作用の模式図
双極子同士がそれぞれの部分的な電荷によって弱い結合を形成する。結合にはいくつかの様式がある。

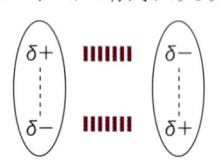

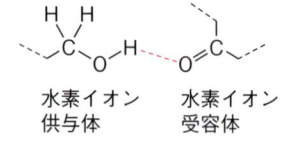

図4・6 カルボニル基とアルコールの水素結合

4・5・3　疎水性相互作用

極性を持つ分子だけではなく、非極性の分子間にも結合力が働く。非極性の分子あるいは部分構造は、極性分子である水との親和性が低いため水をはじく性質があり、この性質を**疎水性**と呼ぶ。水溶液中では、疎水性を持つ分子は分子同士引き合う力が生じる。これを**疎水性相互作用**と呼ぶ。疎水性分子や疎水性の部分構造が水中にあるとき、水と疎水性部分との境界面では、水分子が疎水性部分を避けるように水分子同士で水素結合を作って整列してしまう。この状態は、水分子のエントロピー（11・4節参照）が小さい状態である。このとき疎水性分子同士が境界面を接するようにくっつけば、境界面の水が排除され、水分子の整列がなくなり、エントロピーが増大するため、エネルギー安定化の効果が得られる。疎水性相互作用は、水分子の排除により得られるエネルギー安定化によって生じる結合である。このため、疎水性相互作用は非常に弱く、4 kJ/mol 以下の結合エネルギーしか持たない。

疎水性相互作用とは少し異なる疎水性分子の結合として、ベンゼンのような芳香環同士の結合がある。ベンゼンをはじめとする芳香族化合物は、芳香環部分が互いに平行になるように接近し結合する。この結合には、芳香環の π 軌道電子同士の重なりが重要であるため、芳香環部分が平行に近づくことが重要となる。この結合では、π 軌道電子により芳香環が積み重なるように結合することから、**π-π スタッキング**とも呼ばれる[*8]。

4・5・4　ロンドン力（ファンデルワールス力）

疎水性分子に働く弱い結合として、ロンドン力（ロンドン分散力：London 力あるいは、誘起双極子相互作用）がある。分子間に働く引力を総称して、**ファンデルワールス力**（van der Waals 力：VDW 力）と呼ぶが、ロンドン力は疎水性分子に働くファンデルワールス力であり、古くはロンドン力のことをファンデルワールス力と呼んでいた。

非極性の疎水性分子は、分子全体では電荷の偏りはなく双極子になっていない。しかし、このような分子でも、結合電子がある位置に固定されている訳ではなく結合の間を移動できる。このような分子同士が非常に近くに接近すると、結合電子の負電荷が異常に接近するため、結合電子が互いに避け合うように移動し、結合にわずかに極性が生じる。このとき、接近したもう一方の分子には、逆向きの極性が生じることになる。すなわち、分子同士の接近によって双極子が誘起されることになる。このため、誘起された双極子によって双極子相互作用が生じて結合する。これをロンドン力（誘起双極子相互作用）と呼ぶ（図 4・7）。

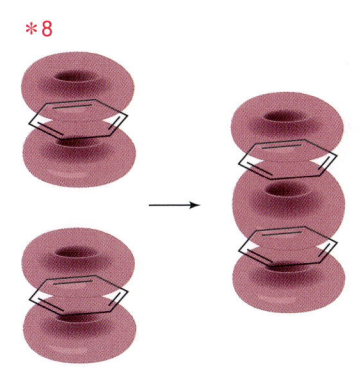

[*8]

π 軌道電子同士の相互作用
（π-π スタッキング）

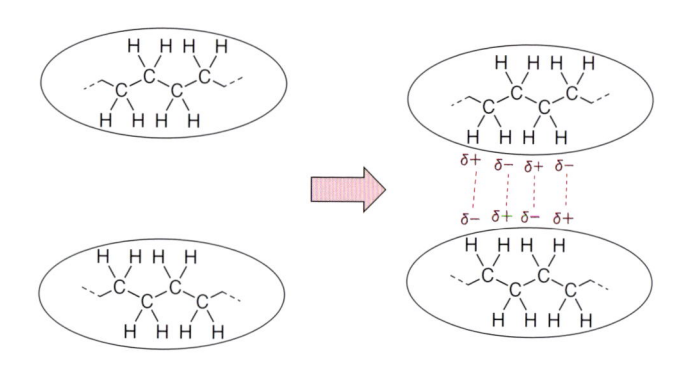

図4・7 疎水性分子に働くロンドン力（誘起双極子相互作用）

例えば、炭化水素のようにメチレン基（-CH$_2$-）が連なった分子（…CH$_2$CH$_2$CH$_2$…）同士が極めて近くに接近すると、一方の分子のある部分

COLUMN

分子間相互作用（分子間結合）の働き

1　分子間の相互作用が物質に与える影響（物質の状態変化と分子間力）

分子間の結合（相互作用）は、結合の種類によって結合エネルギーが異なる。結合エネルギーが大きいほど強い結合であり、多くのエネルギーを注入しないと解離しない。分子が固体（結晶）から液体になるときには、結晶を作る分子間の結合が切れ、分子が自由に動けるようになる必要がある。また、液体が気体になるときも、同様に分子間の結合を完全に切り離し、解離する必要がある。

ロンドン力に基づく疎水性分子の分子間結合は、結合エネルギーが小さく極めて弱いため容易に開裂する。このため、炭化水素のような非極性分子は、融点、沸点が低い。一方、イオン結合のような比較的強い結合は、切断するために多くのエネルギーを必要とする。このため、イオン結合する塩の結晶は、非常に高い温度にしないと溶融しない。

2　医薬品の生物作用と分子間相互作用（受容体への結合と分子間力）

医薬品が体内で作用を発揮するのは、医薬品が生体内の標的分子（多くの場合タンパク質）に結合するからである。このときの結合はほとんどの場合、可逆的な分子間相互作用である。

医薬品と標的タンパク質との分子間相互作用においては、この章で学んだいろいろな分子間の引力が複合的に作用している。例えば、アミノ基（-NH$_2$）は、中性から酸性の水溶液中では、ほとんどがイオン化して、アンモニウム基（-NH$_3^+$）となり正電荷を帯びており、また、カルボキシ基（-COOH）は、中性から塩基性の水溶液中では、カルボキシラート（-COO$^-$）となり負電荷を帯びている。中性付近のpHにある水溶液中では、アンモニウム基とカルボキシラートの間にはクーロン力が働きイオン間の引力が生じる。つまり、医薬品のアミノ基とタンパク質酸性アミノ酸残基（15・1節参照）の間には、クーロン力に基づくイオン結合が生じている（官能基が逆の場合もある）。また、医薬品に窒素や酸素原子が含まれると、結合に分極が生じ、タンパク質のアミド結合（ペプチド結合）などに、双極子相互作用や水素結合が生じる。さらに、医薬品の疎水性部分構造は、タンパク質の疎水性アミノ酸残基と疎水性相互作用を生じる。

このように、一つの医薬品がさまざまな種類の結合を複合的に利用してタンパク質と結合することにより、医薬品は標的とするタンパク質に選択的に結合することが可能になる。医薬品が正しく作用するためには、複数の弱い結合がとても重要なのである。

に結合電子同士が集まり、他方の分子では向かい合う部分の電子が少なくなる、というように電荷が相補的に分極して、双極子相互作用を誘起する（図4・7参照）。

　ロンドン力は分子が極めて近くに接近しないと誘起されず、分子間距離の6乗に比例して減衰する非常に弱い結合である。通常のクーロン力は距離の2乗に比例することを考えれば、極めて接近したときにのみ有効な結合であることがわかる。

　前項の疎水性相互作用においても、疎水性分子同士が極めて接近したときには、ロンドン力も働いている。

■ 復習問題 ■

1. 塩酸ガス（HCl）は、気相中（気体の状態）では水素原子（H）と塩素原子（Cl）が共有結合した状態にある。このときの塩酸ガスの構造を電子式で表せ。
2. 次の2つの原子が共有結合しているとき、結合の電子はどちらの原子の方に偏っているか答えよ。
　　A C—F　　B C—N　　C N—H
3. 次の分子の双極子モーメントの方向を、分極を表す矢印（⊢─→）で表せ（大きさは正確でなくてよい）。分子全体の双極子モーメントが0になる場合は、「0」と答えよ。

　A　H–S–H　　B　H–CH=O　　C　O=C=O

4. 分子間に働く弱い相互作用（弱い結合）にはどのような種類があるかあげよ。
5. 次に示した官能基のうち、水素結合のプロトン供与体として働くもの、プロトン受容体として働くものをそれぞれあげよ。
　　A カルボニル基　　B ヒドロキシ基　　C クロロ基　　D カルボキシ基　　E アミノ基
6. フッ素原子の電子配置が、原子軌道を用いて、$(1s)^2(2s)^2(2p_x)^2(2p_y)^2(2p_z)^1$と表せることを学んだ（4・2・2項）。窒素原子の電子配置を同様の方法で表せ。
7. 酸素の2価陰イオン（O^{2-}）の電子配置を問6と同様の方法で表せ。
8. アンモニア（NH_3）の構造を電子式で示せ。
9. ネオンが二原子分子とならない理由を説明せよ。
10. 一般に金属が電気を通しやすい理由を、価電子の性質から説明せよ。

● 国家試験類題 ●

1. 次のa〜eの原子またはイオンのうち、オクテット則を満たしているものの組み合わせはどれか。
　　(a) Li　　(b) Cl^-　　(c) O^-　　(d) B　　(e) Ne
　　1.（a, b）　2.（b, c）　3.（b, e）　4.（c, d）　5.（d, e）
2. 次のa〜eの官能基のうち、水素結合を形成する組み合わせは1〜5のどれか。
　　(a) アミノ基　　(b) エチル基　　(c) ヒドロキシ基　　(d) カルボニル基　　(e) クロロ基
　　1.（a, b）　2.（b, c）　3.（b, e）　4.（c, d）　5.（d, e）

第5章 物質の状態

　生体内で起こる反応は全て水を溶媒とした水溶液中で進行する。生体の働きを理解するには水の性質を理解することが大切である。水は温度によって氷、水、水蒸気に変化する。このような固体（氷）、液体（水）、気体（水蒸気）などを物質の状態という。物質は温度と圧力が決まると、それぞれ固有の状態をとる。この関係を表したものを状態図という。各状態には固有の性質がある。物質がある状態から別の状態に変化することを相転移という。相転移が起きている状態では、二つの状態が平衡状態となっている。

5・1　固体、液体、気体

　物質は原子、あるいは分子などの微粒子からできている。原子は方向性のない球状であるが、分子は固有の形を持っており、方向性を持っている。

5・1・1　物質の三態

　固体、液体、気体の三状態は、物質の状態のうちでも基本的なものなので特に物質の**三態**という。図5・1は三態における分子の配列状態を模式的に表したものである。

　A　結晶状態：分子は、三次元にわたって定まった位置にあり、かつ一定の方向を向いている。これをそれぞれ、位置の規則性と配向の規則性があるという[*1]。

　B　液体状態：結晶状態における規則性は全て失われ、一切の規則性がない。粒子は流動性を持ち、温度に応じた活発さで移動を続ける。ただし、分子間の距離は結晶状態と大差ないので、密度は結晶状態に似て

*1　物質の三態という場合は、固体、液体、気体を指す。しかし一般に固体というと、ガラスのようなアモルファスも含む。そこで、ここでは固体の典型として結晶をとり上げた。

状態		結晶	液体	気体
規則性	位置	○	×	×
	配向	○	×	×
配列模式図		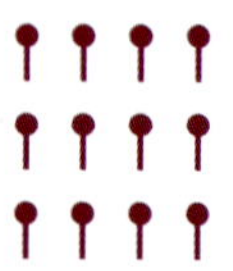	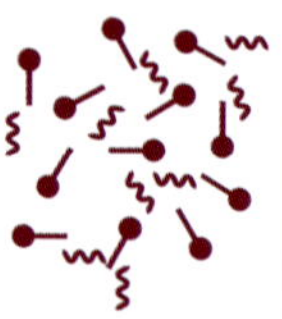	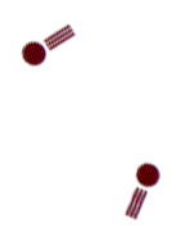

図5・1　物質の状態と分子の配列状態

いる。

C 気体状態：分子は高速で飛び回っている。粒子間の距離は非常に大きい。気体の体積は気体分子の種類に関係しない。

5・1・2 相転移

分子は温度と圧力に応じて状態を変える。状態を変化することを**相変化**という。相変化が起こる**相転移温度**には、固有の名前が付いている。それを図5・2に示した。

相転移温度においては、分子は両方の状態の**平衡状態**にある。平衡状態というのは、ある瞬間はAの状態であり、ある瞬間はBの状態という流動的な状態である。ただし、Aの状態にいる時間とBの状態にいる時間が等しいので、見かけの変化は起きないことになる。

図5・2 状態の変化とその名称

5・2 状態図と相律

物質がある圧力 P、温度 T のときにどのような状態をとるかを表した図を**状態図**という。図5・3は水と二酸化炭素の状態図である。

5・2・1 状態図と物質の状態

圧力 P、温度 T を表す点 (P, T) が図の3本の曲線で仕切られた領域、I、II、III にあるときは、それぞれ固体、液体、気体の状態でいる。それに対して、点 (P, T) が線上にあるときには、その線の両側にある状態が共存する。すなわち、線 ab 上にあるならば液体と気体が共存する

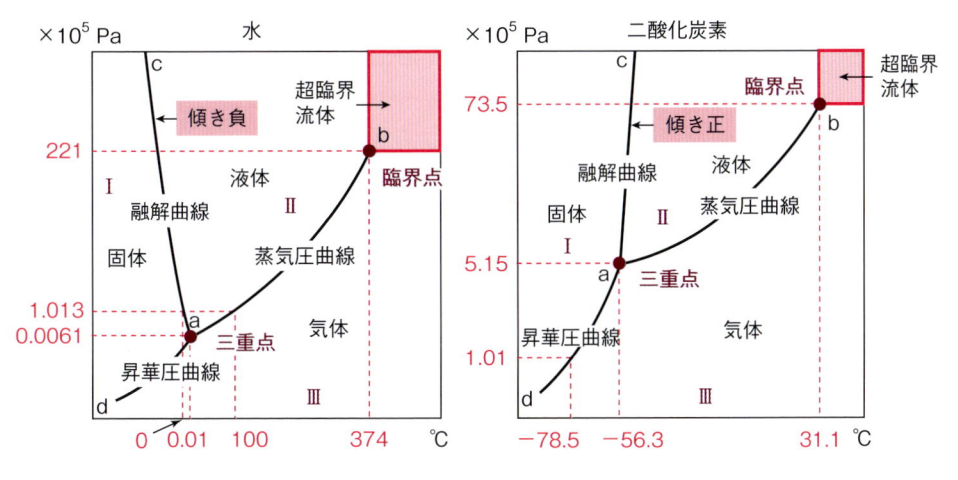

図5・3 水（左）と二酸化炭素（右）の状態図

のであり、これは沸騰状態である。

点aは**三重点**と呼ばれ、固体、液体、気体の三状態が共存する。これは水ならば、氷水が沸騰している状態であり、非日常的な状態である。

5・2・2　超臨界状態

沸騰を表す線は点bで終わっている。これは紙面の都合で書かなかったのではない。蒸気圧曲線は点bで終わっているのである。この点bを**臨界点**という。

それでは臨界点を超えたら、沸騰はどうなるのか？　沸騰は存在しないのである。臨界点を超えた状態は**超臨界状態**といわれ、液体と気体の中間のような状態である。すなわち、液体の密度と粘度、および気体の激しい分子運動を持つ。水の場合には、有機物を溶かすと同時に酸化力が現れる。超臨界状態の物質は超臨界流体と呼ばれ、有機化学反応の溶媒などに利用されている[*2]。

5・2・3　相　律

5・2・1項で見たように、水が液体でいるためには点 (P, T) が領域IIにあればよい。これは、領域IIの範囲内ならば、P、Tを自由に組み合わせることができることを意味する。これを**自由度** freedom といい、記号Fで表す。今の例ならばF＝2である。

それに対して二つの状態が共存する沸騰状態は、点 (P, T) は線ab上にある。これは、圧力Pを1気圧と決めれば、温度Tは100℃と自動的に決まってしまうことを意味する。すなわち、人間が自分の自由にできる条件はPかTのどちらかである。これはF＝1である。

三つの状態が共存する三重点は温度も圧力も決まっている。人間の自由度は0、すなわちF＝0である。

物質の状態のことを**相** phase ともいい記号Pで表す。固体、液体、気体、それぞれを固相、液相、気相という。また、物質を構成する分子の種類を**成分** component といい記号Cで表す。水も二酸化炭素も純物質なのだから、ともにC＝1である。

一般にF、C、Pの間には次の関係が成り立つ。

$$F = (C + 2) - P$$

これを**相律**という。

[*2] 超臨界状態の水、すなわち超臨界水を有機反応の溶媒に使えば、反応後の廃棄物が減少するので環境浄化に役立つ。また、公害物質のPCBを超臨界水によって効率的に分解することができる。

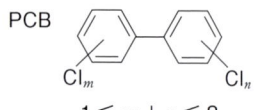

PCB

$1 \leq m + n \leq 8$

5・3 三態の性質

気体、液体、固体にはそれぞれ固有の性質がある。

5・3・1 気体の性質

気体状態では分子は時速数百 km という高速で飛び交っている。その速度は絶対温度のルート（平方根）に比例し、分子量のルートに反比例する。このような分子が壁に衝突したとき、壁を押す力が圧力として観測される。

風船に入れられた気体分子は風船を膨らませる。気体の体積とは、このときの膨らんだ風船のことをいう（図5・4）。したがって、気体の体積と分子自体の体積との間にはほとんど何の関係もない。18 g の液体の水の体積は 18 mL であるが、これが 100℃ の蒸気になると体積は 31 L 近くになる。この体積のほとんど全ては真空の体積であり、水分子の体積は無視できる。

このようなことから、1 モルの気体はその種類に関係なく全て標準状態*3 で 22.7 L の体積を占めるという事実が出てくる。

気体の体積 V と圧力 P、絶対温度 T の間には式1の関係がある。この式を**理想気体の状態方程式**という。この式から、気体の体積は絶対温度に比例し、圧力に反比例することがわかる。式1を変形すると式2となる。図5・5は幾つかの気体に対してこの関係を実測したものである。しかし、これら実測値は明らかに式2に合っていない。

$$PV = nRT \tag{1}$$

$$\frac{PV}{nRT} = 1 \tag{2}$$

気体分子の速度　$v \propto \sqrt{\dfrac{T}{M}}$
M：分子量

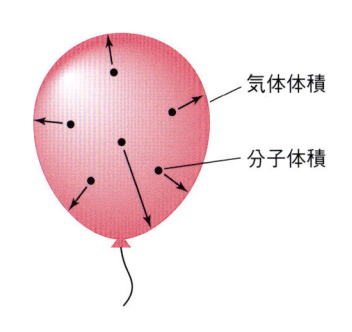

図5・4 気体の体積

*3　標準状態には二種類ある。一つは SATP（標準環境温度と圧力）であり、これは圧力 = 100000 Pa（パスカル）、温度 = 25℃（298.15 K（ケルビン））である。もう一つは、STP（標準温度と圧力）であり、これは圧力 100000 Pa、温度 = 0℃（273.15 K）である。1 モルの気体の体積は SATP で 24.8 L、STP で 22.7 L となる。なお、以前は圧力を 1 気圧（101325 Pa）としていたため、STP での体積は 22.4 L であった。

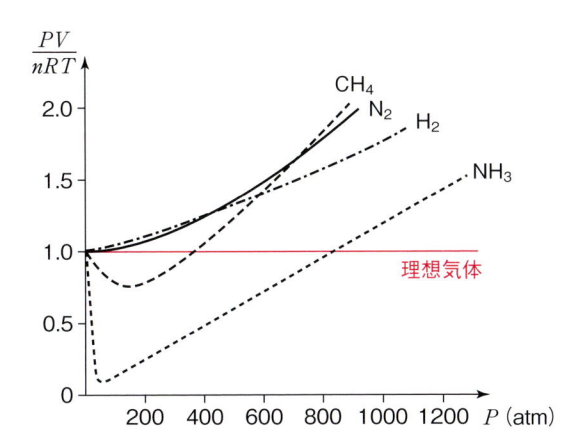

図5・5 気体の状態方程式の計算値と各種物質での実測値

これは式1が、理想的な気体に対する理論的な考察から導いた式だからである。理想的な気体とは、① 体積がない、② 分子間力がない、というものである*4。そこでこれらを考慮した状態方程式3が導かれた。これを**実在気体の状態方程式**、あるいは**ファンデルワールスの式**という。この式のパラメータ a, b は、それぞれ実験によって求めるものである。

$$\left(P+\frac{n^2a}{V^2}\right)(V-nb) = nRT \qquad (3)$$

n：モル数　R：気体定数

*4　理想気体とは、体積を持たず分子間力もない、仮想の気体のことをいう。

5・3・2　液体の性質

液体分子は互いに分子間力で引き付け合っているが、液体表面の分子は時によって分子間力を振り切って空中に飛び出し、またいつか戻ってくる。このようにして、液体表面では飛び出す分子と戻る分子の平衡状態となっている。

このとき、空中に飛び出した分子の示す圧力を**蒸気圧**という*5。蒸気圧は分子間力に依存するので、分子によって異なるが温度の上昇とともに上昇する。いくつかの分子の蒸気圧の温度変化を**図5・6**に示した。

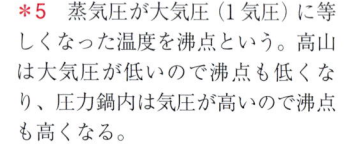

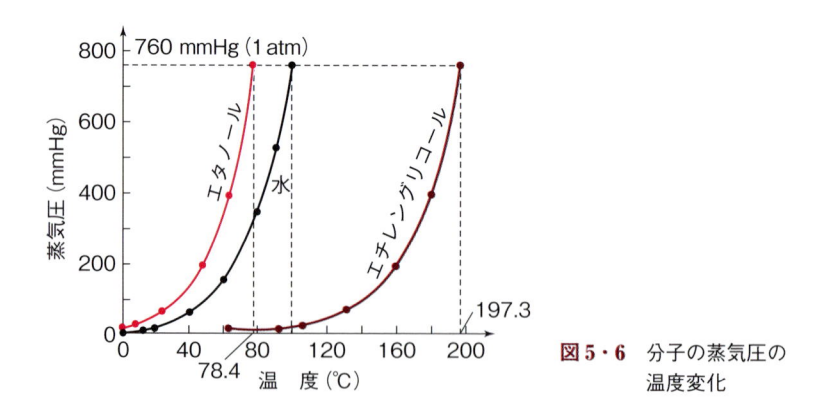

*5　蒸気圧が大気圧（1気圧）に等しくなった温度を沸点という。高山は大気圧が低いので沸点も低くなり、圧力鍋内は気圧が高いので沸点も高くなる。

図5・6　分子の蒸気圧の温度変化

5・3・3　固体の性質

固体には結晶と、後に見る非晶質固体（アモルファス）があるが、ここでは結晶を見ておこう。結晶は原子や分子などの粒子が三次元にわたって規則正しく積み重なったものである。その積み重なりかたを**結晶構造**というが、これは単位構造が連続したものである。

金属結晶を構成する単位構造を**図5・7**に示した。最も密に原子を詰め込むことのできる最密構造でも、空間の26％は隙間となっているということは留意すべきことである。

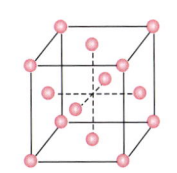

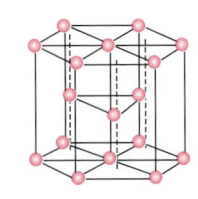

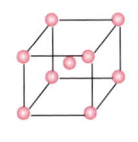

立方最密充填構造＝74％　　六方最密充填構造＝74％　　体心立方構造＝68％

図5・7 金属結晶を構成する単位構造

5・4 三態以外の状態

分子の中には三態以外の状態をとるものもある。このような状態として、アモルファス（非晶質固体）、柔軟性結晶、液晶、分子膜などがある。

5・4・1 アモルファス

アモルファスの典型は**ガラス**である。ガラスの主成分は二酸化ケイ素SiO_2であり、二酸化ケイ素の結晶は水晶（石英）である。水晶を1700℃ほどの融点に加熱すると融けて液体になる。ただし、この液体を冷却しても水晶にはならない。ガラスになる。

すなわち、ガラスは、無秩序な液体状態の二酸化ケイ素が、そのまま流動性を失った状態なのである。このように、結晶状態のような規則性を持たない固体を**アモルファス**という（図5・8）[*6]。プラスチックの固体も、長い高分子鎖が釣りでいうオマツリ状態（糸と糸がからまり合った状態）で固化したものであり、アモルファスの一種である。

*6 アモルファス状態の金属は強度、耐薬品性に優れ、磁性など新しい性質が現れることがある。そのため、レアメタル、レアアースに代わるものとして開発研究が行われている。

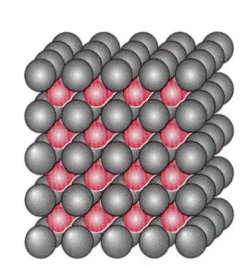

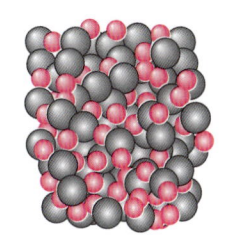

5・4・2 液晶

図5・1で見たように、結晶状態には二つの規則性があるのに、液体状態ではこの規則性が両方とも失われている。ということは、結晶と液体の中間状態として、片方の規則性だけを持った状態があることを示唆

状態		アモルファス	柔軟性結晶	液晶
規則性	位置	×	○	×
	配向	×	×	○
配列模式図		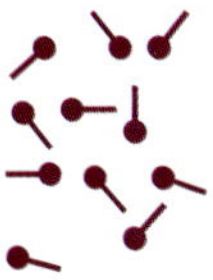	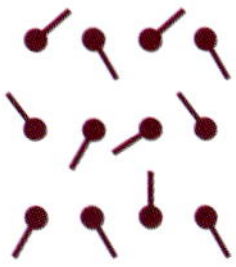	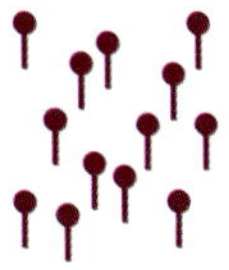

図5・9 アモルファス・柔軟性結晶・液晶分子の配列状態

図5・8 結晶とアモルファス

する。このような状態は実際にあるのであり、それが柔軟性結晶と液晶である（図5・9）。

液晶は、位置の規則性はないが、方向の規則性はある状態である。液晶状態はどのような分子でもとることができるのではなく、特殊な分子のみがとる状態である。液晶状態をとることができる分子を特に**液晶分子**という[*7]。コレステロールは代表的な液晶分子である[*8]。

図5・10は液晶分子のとる状態の温度変化である。低温では結晶であるが、加熱して融点に達すると、融けて流動的になる。ただし、液体と違って透明ではない。さらに加熱して透明点になると、透明な液体になる。このように、液晶状態はある一定の温度範囲においてだけ現れる状態なのである。液晶は液晶モニターの原料として広く使われている[*9]。

[*7] "液晶"は、"物質"の名前ではなく"状態"の名前であることに注意すべきである。

[*8] "液晶状態"が最初に発見されたのはコレステロール誘導体であり、1888年のことであった。

[*9] 液晶は高温、低温ではそれぞれ液体、結晶となり、液晶ではなくなる。したがって、液晶モニターも高温、低温では機能を喪失する。

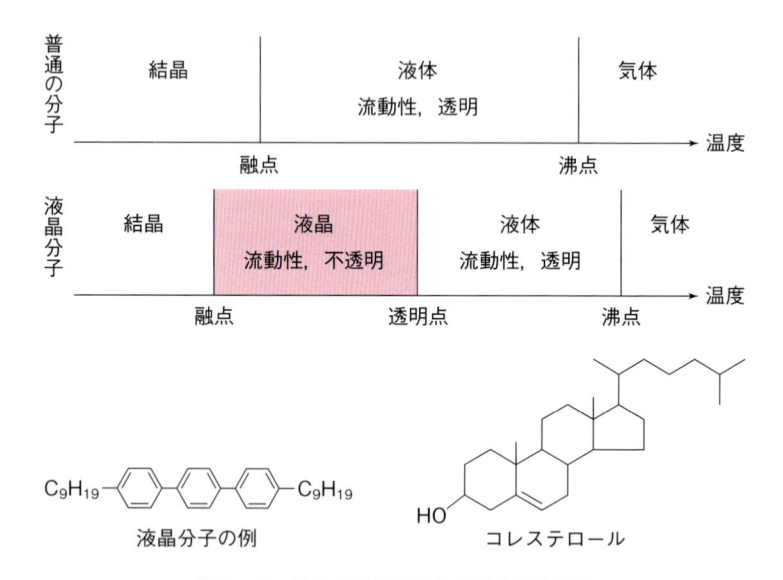

図5・10 普通の分子と液晶分子の温度特性

5・4・3 柔軟性結晶

液晶と反対に、位置の規則性はあるが、方向の規則性を欠いた状態を**柔軟性結晶**という。四塩化炭素やシクロヘキサンがこの状態をとることが知られている。柔軟性結晶の利用は、その多くが研究途上である。

5・4・4 分子膜

分子膜は超分子に分類されることもあるが、ここでは状態の一種として紹介しておこう。

A 分子膜の構造

セッケン分子のように、一分子内に**親水性部分**と**疎水性部分**を持った分子を**両親媒性分子**という（**図5・11**）。両親媒性分子を水に溶かすと、親水性部分は水相に入るが疎水性部分は入らない。そのため、水面に逆立ちしたような形で留まる（**図5・12**）。

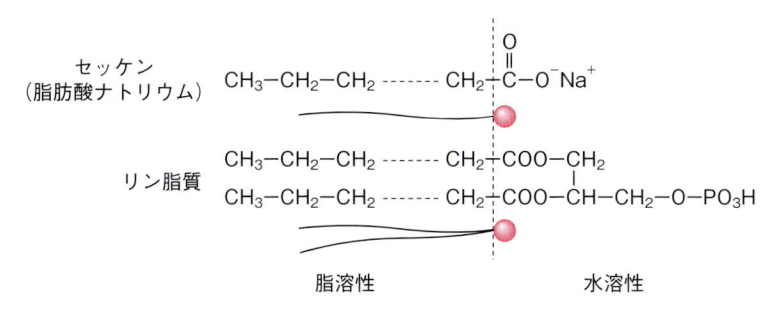

図5・11 両親媒性分子の構造

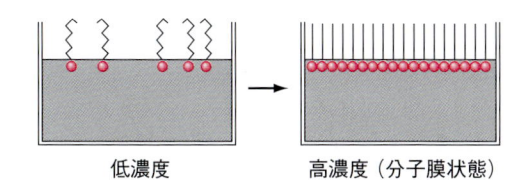

図5・12 分子膜のでき方

両親媒性分子の濃度を上げると、水面は両親媒性分子で立錐の余地なく埋め尽くされる。この状態の分子集団は、あたかも分子でできた膜のように見えるので**分子膜**という。

分子膜は二枚重ねになることもでき、それを**二分子膜**という[*10]。多数枚重なったら**累積膜（LB膜）**と呼ばれる。それに対して1枚の分子膜を**単分子膜**という（**図5・13**）。細胞膜は**リン脂質**という両親媒性分子でできた二分子膜である。

*10 単分子膜が親水性部分を接して重なったものを逆二分子膜という。シャボン玉は逆二分子膜の袋（ベシクル）で、膜の合わせ目に水が挟まったものである。細胞は二分子膜のベシクルに種々の物質が入ったものと見ることができる（側注11参照）。

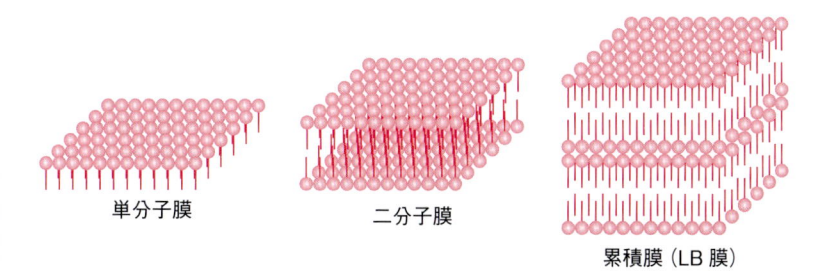

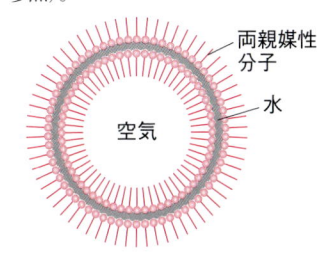

図5・13 さまざまな分子膜の構造

B 分子膜の性質

大切なことは、分子膜を構成する分子の間には結合がないということである。あるのはファンデルワールス力などの分子間力（4・5節参照）だけである。このため、分子膜を構成する分子は、分子膜内を移動することも、分子膜を離れて水中に入ることも、また戻ることも自由である。また、分子間の中に他の大きな分子が挟まることもでき、また、それが移動することもできる。

細胞膜では、リン脂質でできた二分子膜にタンパク質、コレステロールなど各種の物質が挟み込まれている。これらの物質は結合で固定されているわけではないので、細胞膜内を移動することができるばかりでなく、細胞膜から抜け出ることも、また戻ることも自由である[*11]。

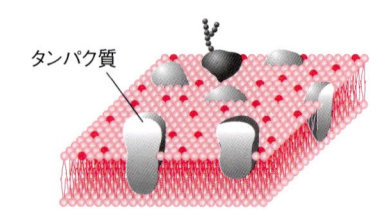

*11 細胞膜にはタンパク質などいろいろな物質が存在するが、これは挟み込まれているだけで、結合しているわけではない。そのため、膜内を自由に移動し、ときには膜から脱離することもある。

タンパク質

COLUMN

高野豆腐と凍みコンニャク

高野豆腐は豆腐を薄く切った物である。これを寒中の夜間に戸外に放置すると、水分が結晶して氷塊となる。これが日中に融けて水分が蒸発して、内部にスポンジ状の空洞ができたものである。したがってフリーズドライ製品ではない。コンニャクに同じ操作を施したものが凍みコンニャクである。これは食用はもちろん、軟らかくて肌に優しいので、赤ちゃんの入浴用具や高級化粧用具にも用いられる。

■ 復習問題 ■

1. 相転移の種類を6種あげよ。
2. 相転移を起こす温度の名前3種をあげよ。
3. 水は三重点においてどのような状態になるか答えよ。
4. 氷に圧力を加えたらどうなるか答えよ。
5. 理想気体とはどのような性質を持つものか答えよ。
6. 温度を上げると蒸気圧が高くなる理由を述べよ。
7. 結晶とアモルファスの違いを述べよ。
8. 液晶モニターを冷却したらどうなるか答えよ。
9. セッケン分子の模式図は尾が1本であるが、リン脂質は尾が2本である。理由を答えよ。
10. 細胞膜を構成するリン脂質の自由度について答えよ。

● 国家試験類題 ●

1. 水の状態図に関する記述のうち、正しいのはどれか。
    A 点aは三重点と呼ばれ、その自由度は1である。
    B 水と平衡状態にある氷に圧力をかけると融解する。
    C 線acが負の勾配を示すことと氷が水に浮くことは関係ない。
    D 点b以上の圧力および温度の状態は超臨界状態として存在する。
2. 脂質の作る集合体として正しいのはどれか。
    A アモルファス　B 柔軟性結晶　C 液晶　D 分子膜

第6章 溶液の化学

溶液とは液体状の混合物のことである。ヒトの体重のおよそ 60 % は水であり、ヒトを構成する物質は大部分が水溶液の状態である。そればかりでなく、生命活動である生化学反応は水溶液反応として進行する。水分子は互いに水素結合するばかりでなく、溶質とも水素結合をして、溶質の機能に影響を与える。生体を構成する物質の多くは高分子であるが、高分子が作る溶液を特にコロイド溶液という。コロイド溶液は普通の溶液とは異なった性質を示す。

6・1 溶 解

溶液は**溶質**と**溶媒**からできている。溶かすものを溶媒、溶かされるものを溶質という。砂糖水なら、水が溶媒、砂糖が溶質である。溶質は固体とは限らない。アルコール水溶液ならアルコールが溶質であり、一般の水には空気が溶質として溶けている。

6・1・1 溶媒和

溶液において溶質は一分子ずつバラバラになり、周りを溶媒で囲まれている。これを**溶媒和**という。溶媒が水の場合には特に**水和**という（図6・1）。したがって、一般にいう、"小麦粉を水に溶かす"という表現は、化学的には間違いである[*1]。

溶媒和において溶質と溶媒を引き付けるものは分子間力であり、水和の場合には水素結合が働くことが多い。溶質が極性分子の場合、水は溶質の正電荷部分では酸素で配位し、負電荷部分では水素で配位する。

*1 小麦粉の主体はデンプンの巨大なかたまりであり、とてもデンプンが1分子ずつになっているとはいえない状態である。「小麦粉を水に溶かした状態」は"水溶液"ではなく、小麦粉と水の"混合物"である。

6・1・2 溶解のエネルギー

水酸化ナトリウムを水に溶かすと発熱して熱くなるが、硝酸カリウムを溶かすと反対に冷たくなる。これは何故だろう。

固体の**溶解**は二段階に分けて考えることができる（図6・2）。

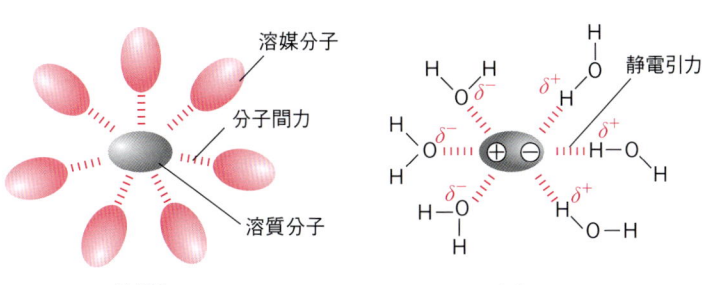

図6・1 溶媒和と水和　　溶媒和　　　　　　　水和

図 6・2　固体の溶解

① 第一段階は結晶がバラバラになる過程である。これは少なくとも分子間力を切断する過程であり、不安定化の過程である。したがって外部のエネルギーを要するので**吸熱過程**である*2。

② 第二段階は溶媒和の過程である。これは新たに分子間力が生成する過程なので安定化の過程であり、外部にエネルギーを放出する**発熱過程**である。

溶解のエネルギー変化は、これらのエネルギーの総和である。もし①の過程のエネルギーの絶対値が、②のものより小さかったら、全体としては発熱過程となる。反対の場合には吸熱過程となるわけである（**図 6・3**）。

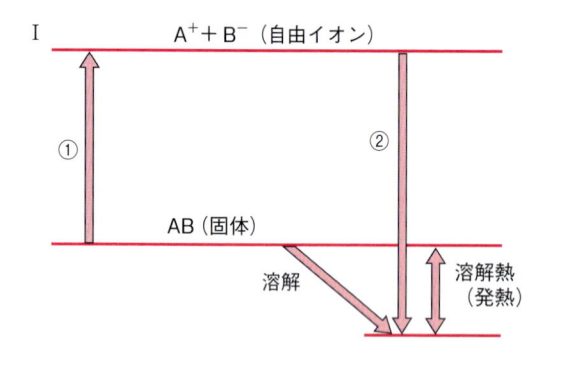

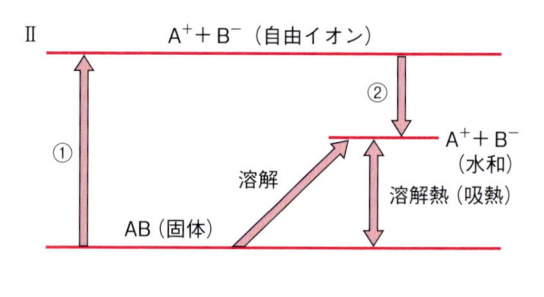

*2　イオン結合の化合物の場合は、①段階はイオン結合を切断するためのイオン結合エネルギーに相当する。

図 6・3　溶解に伴うエネルギー変化　Ⅰ：発熱反応、Ⅱ：吸熱反応

6・2　溶 解 度

溶質には溶けにくい物も、溶けやすい物もある。溶質が溶媒にどの程度溶けることができるかを表した数値を**溶解度**という。

6・2・1　濃　度

溶質が溶媒にどの程度溶けているかを表した指標を**濃度**という。濃度には用途に応じていくつもの表現がある。代表的なものを見てみよう。

A　質量％濃度（単位：％）

溶液中に含まれる溶質の質量をパーセントで表した濃度である。

質量％濃度（％）＝（溶質質量(g)/溶液質量(g)）×100

B　モル濃度（単位：mol/L）

溶液1L中に含まれる溶質のモル数をいう。1モル濃度の食塩水を作るには、1Lのメスフラスコに食塩（塩化ナトリウム）1モル（58.5 g）を入れ、その後、水を1Lの標線まで入れる。化学の標準濃度である。

モル濃度(mol/L) ＝ 質量モル数（モル）/溶液体積(L)*3

*3　（溶液の体積）＝（溶質の体積＋溶媒の体積）とはならない。そのためにこのような操作が必要になる。

C　モル分率（単位：無名数*4）

溶質のモル数を溶質と溶媒のモル数の和で割った値である。0.1モル分率の食塩水を作るには、1モルの食塩を9モル（18×9＝162 g）の水に溶かせばよい。

モル分率 ＝ 溶質モル数/（溶質モル数＋溶媒モル数）

*4　無名数とは単位がついていない数値のことである。

6・2・2　溶　解　度

一般に似たものは似たものを溶かすという。極性溶媒の水は極性分子である食塩を溶かす。またヒドロキシ基をたくさん持った砂糖（スクロース）をも溶かす。しかし極性でもなく、ヒドロキシ基も持たない石油（炭化水素）は溶かさない。表6・1にいくつかの組み合わせを示した。

図6・4は固体の溶解度（100 gの水に溶ける固体のg数）の温度による変化である。一般に温度が上がると溶解度が上がることがわかる。しかし塩化ナトリウムのようにほとんど変化しないものもある。

COLUMN

一番風呂

湧いたばかりの風呂に最初に入ることを一番風呂という。一番風呂に入ると、体中の体毛の先に細かい泡が付いて、体全体が白っぽい感じになる。これは溶解度が起こした現象である。

気体の溶解度は低温で高く、高温で低い。風呂に入れた冷たい水には大量の空気が溶けている。しかし、加熱して風呂の適温の高温にすると空気は溶け切れなくなる。溶け切れなくなった空気はどうなるか？　泡となって析出しそうなものであるが、通常、そうはならない。溶解度以上の量が溶けた不安定状態になるのである。この状態を過飽和状態という。

ここに刺激が加わると、余分な空気が一挙に泡となる。これが一番風呂の泡の原因である。飛行機雲も同じ現象である。水蒸気で過飽和となった空気に、飛行機の振動が加わって、水蒸気が一挙に水滴になったものである。

表6・1 溶媒と溶質の組み合わせ

溶質	結晶の種類	イオン結晶	分子結晶	金属結晶
	物質	NaCl	ナフタレン	Zn
溶媒	極性溶媒 H₂O	可溶	—	—
	無極性溶媒 エーテル	—	可溶	—
	金属 Hg*5	—	—	可溶

*5 水銀 Hg との溶液は一般にアマルガムと呼ばれ、合金の一種である。パラジウムのアマルガムは、かつて虫歯の治療に多用された。

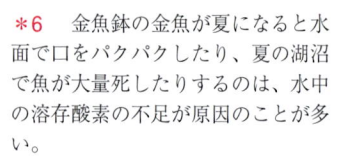

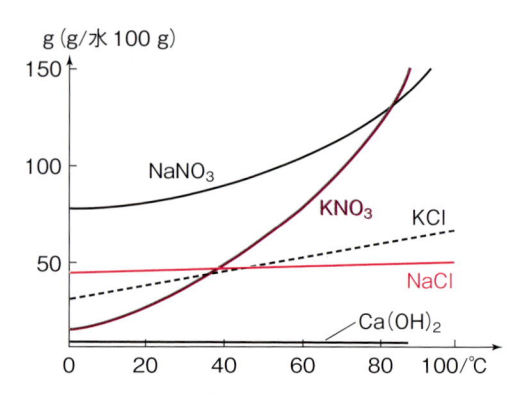

図6・4 固体の溶解度の温度による変化

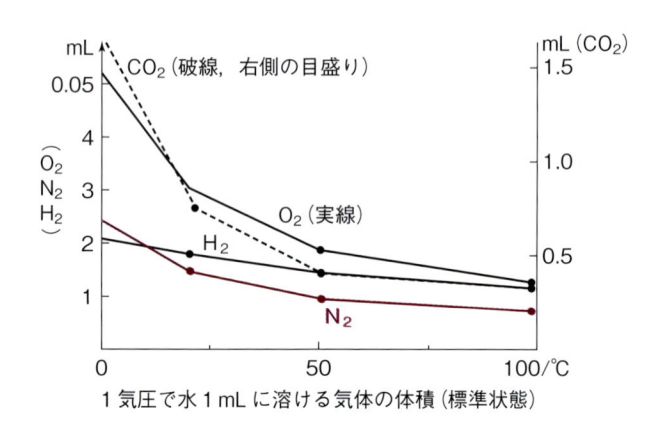

*6 金魚鉢の金魚が夏になると水面で口をパクパクしたり、夏の湖沼で魚が大量死したりするのは、水中の溶存酸素の不足が原因のことが多い。
　CO₂ は水と
$$CO_2 + H_2O \rightleftharpoons H_2CO_3$$
という化学反応を起こすため、溶解度が桁違いに大きくなる。

図6・5 気体の溶解度の圧力による変化

6・2・3 ヘンリーの法則

　図6・5は気体の溶解度である。一般に温度が上がると溶解度が下がることがわかる。気体の溶解度に関してはヘンリーの法則というものが知られている（図6・6）*6。

気体の溶解度（質量・モル数）は圧力に比例する。

　しかし、気体の体積は圧力に反比例するので、上の表現を気体の体積で表すと次のようになる。

気体の溶解度（体積）は圧力に無関係である。

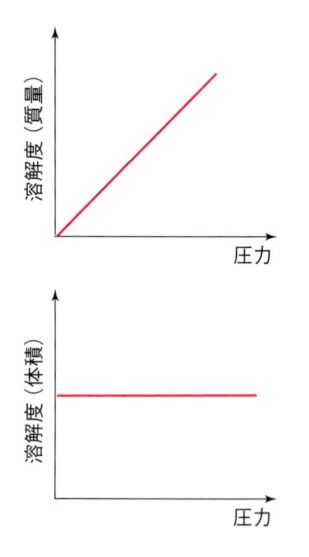

図6・6 ヘンリーの法則

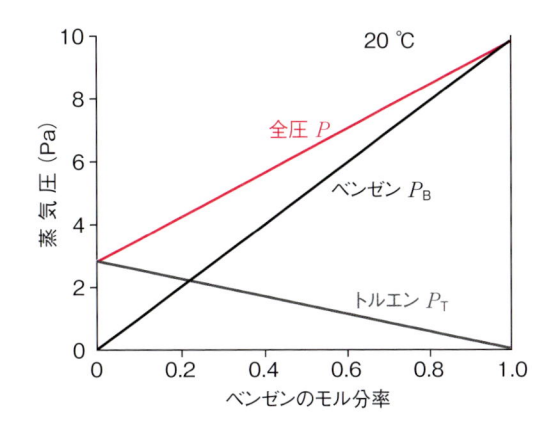

図6・7 ベンゼン、トルエン溶液の蒸気圧変化（ラウールの法則）

6・3 蒸気圧・浸透圧

純液体に蒸気圧があるように、溶液についても蒸気圧が観測される。

6・3・1 ラウールの法則

複数種類の純液体が混じった混合溶液においては、それぞれの成分が固有の蒸気圧を示す。これを**分圧**という。溶液全体の蒸気圧（全圧）は分圧の和として表される。このとき次の関係が成立する。

各液体の分圧はモル分率に比例する。

これを**ラウールの法則**といい、式1（次頁）で表される。図6・7はベンゼンとトルエンの溶液での測定結果で、ラウールの法則に従ってい

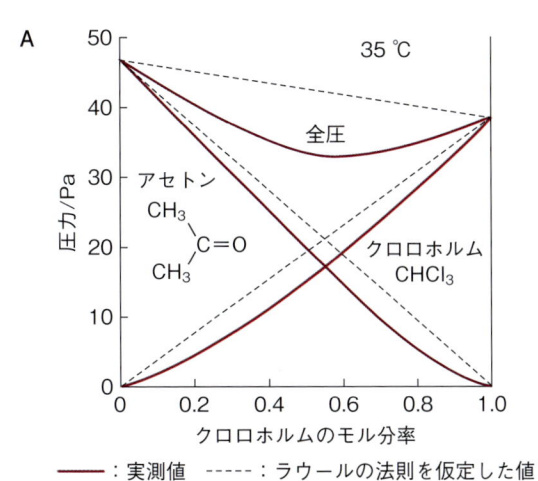

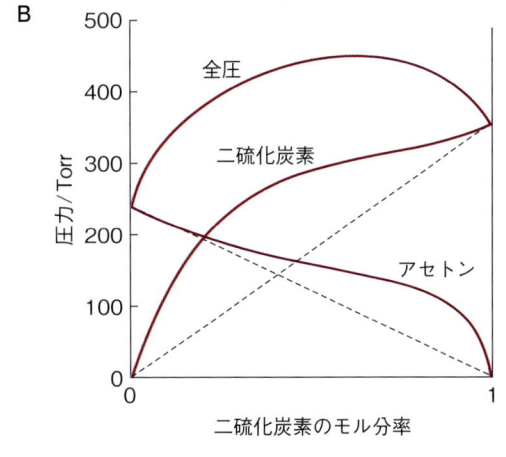

図6・8 クロロホルムとアセトン、二硫化炭素とアセトン溶液の蒸気圧変化（ラウールの法則からの逸脱）

る。このようにラウールの法則に従う溶液を**理想溶液**ということがある。しかし多くの場合には、図 6・8A のアセトンとクロロホルムの溶液や B のアセトンと二硫化炭素の溶液のように、ラウールの法則からずれてくる。

$$P = P_A + P_B$$

$$P_A = P_A^0 \frac{n_A}{n_A + n_B} \qquad P_B = P_B^0 \frac{n_B}{n_A + n_B} \qquad (式1)$$

P_A^0, P_B^0：純粋な A, B の蒸気圧　　n_A, n_B：A, B のモル数

6・3・2 蒸気圧降下

図 6・9 は、純溶媒と、不揮発性の溶質を溶かした溶液の液面の様子を模式的に表したものである。溶液では空中に飛び出す溶媒の分子数が少なくなっている。これは溶液の蒸気圧が純溶媒の蒸気圧より低くなることを示すものである。これを**蒸気圧降下**という。

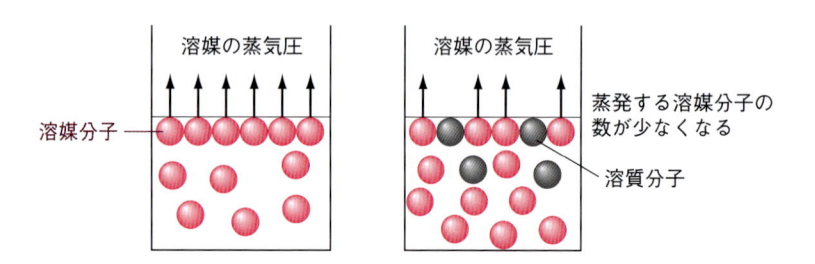

図 6・9　純溶媒（左）と溶液（右）の液面の様子

A　沸点上昇（表 6・2）

沸騰とは液体の蒸気圧が大気圧に等しくなった状態であり、沸点は液体の蒸気圧を大気圧まで高めるために必要な温度である。つまり、蒸気圧が低くなった溶液を沸騰させるためには、純溶媒より高い温度が必要となる。これを**沸点上昇**という。

表 6・2　水とベンゼンのモル沸点上昇と凝固点降下（K・kg/mol）

溶　媒		沸点（℃）	モル沸点上昇 K_b	凝固点（℃）	モル凝固点降下 K_f
水	H_2O	100	0.52	0	1.86
ベンゼン	C_6H_6	80.2	2.57	5.5	5.12
ショウノウ	$C_{10}H_{16}O$	209	6.09	178	40.0

1 kg の溶液中に1モルの溶質が含まれる溶液（1質量モル濃度）の沸点上昇度を**モル沸点上昇** K_b という。K_b は溶質の種類に無関係であり、溶質の分子数にのみ関係する。一般に質量モル濃度 n の溶液の沸点上昇 Δt_b は

$$\Delta t_b = K_b n$$

で表される。

B 凝固点降下（表6・2）

純溶媒は同じ大きさの分子の集合体である。それに対して溶液は大きさの異なる分子の集合体である。リンゴを積んだ山、リンゴとミカンの混じりを積んだ山では後者の方が崩れやすい[*7]。同様に溶液の結晶は、純溶媒の結晶より融けやすい。すなわち、溶液の融点は純溶媒の融点より低くなる。これを**凝固点降下**という。

溶液の凝固点降下 Δt_f、**モル凝固点降下** K_f などの定義は沸点上昇の場合と同じである。

6・3・3 浸透圧

溶媒分子のような小さな分子は通すが、溶質分子のような大きい分子は通さない膜を**半透膜**という。セロハンや分子膜などが該当する[*8]。

U字管の中央を半透膜で仕切り、片方に水、もう片方に溶液を入れると、水が溶液側に移動し、溶液側の水面が上がる（図6・10）。この水面を下げて、元の高さに戻すためには、圧力 Π を掛けなければならない。この圧力を**浸透圧**という。浸透圧は下式のように、理想気体の状態方程式と類似の式で与えられる。

$$\Pi V = nRT$$

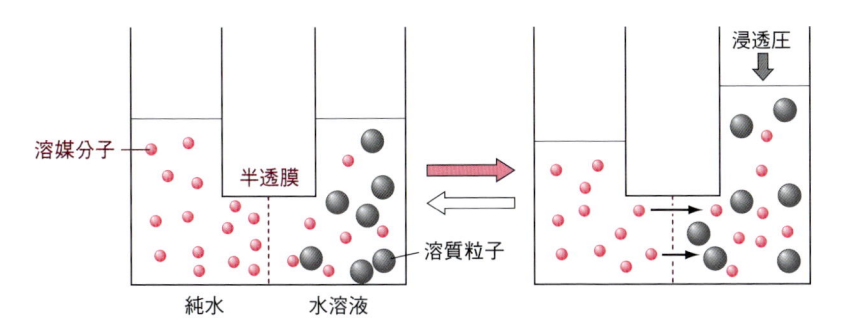

図6・10 半透膜の働きと浸透圧

[*7] 下の図のように、リンゴだけを積み上げた山（純溶媒）は崩れにくい（融点が高い）が、ミカンを混ぜて積み上げた山（溶液）は不安定で崩れやすい（融点が低い）。

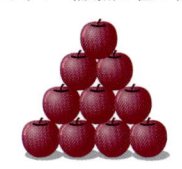

リンゴのみ

リンゴ＋ミカン

[*8] 半透膜は分子をその大きさだけで分類するわけではない。一般にイオン性の物質は通しにくく、中性の物質は通しやすい。

青菜に塩を振ると脱水してシンナリするのは、Na^+、Cl^- はイオンなので細胞膜を透過しにくく、H_2O は中性なので透過しやすいからである。Na^+、Cl^- と H_2O の大きさの違いによるのではない。

6・4 電解質溶液

反応式1で表されるように、分子が陰イオンと陽イオンに分解することを**電離**といい、電離することのできる物質を**電解質**という。酸、塩基、および塩は典型的な電解質である[*9]。

$$AB \rightleftharpoons A^+ + B^- \quad 反応式1$$

$t=0$　$[AB]_0 = c$ モル　　　0 モル　　0 モル

$t=t$　$c(1-\alpha)$　　　　　　$c\alpha$　　　$c\alpha$　　（t は時間を表す）

[*9] 反応式1において電離度 $\alpha = 1$ の場合には、AB の1モル溶液は実際には A^+、B^- それぞれの1モル溶液である。つまり、溶液中には A^+ が1モル、B^- が1モル、合計2モルの物質（イオン）が溶けていることになる。

6・4・1 電離度

電解質は電離するが、100% 電離するわけではない。電離する割合を**電離度** α という。電解質を AB、それが電離して生じるイオンを A^+、B^- とすると、電離度は式1で与えられる。

$$\frac{[A^+]}{[AB]_0} = \frac{[B^-]}{[AB]_0} = \frac{c\alpha}{c} = \alpha \quad 電離度 \qquad (1)$$

電離度は電解質の濃度によって変化する。いくつかの電解質に対して、濃度が 0.1 mol/L の水溶液中における電離度を**表6・3**に示した。強酸、強塩基の電離度は1に近いが、弱酸、弱塩基の値は小さい。また塩の電離度は一般に大きいことがわかる。

表6・3　電解質（酸と塩基）の電離度（0.1 mol/L 溶液）

酸	α	塩基	α	塩	α
HCl	0.92	NaOH	0.91	KCl	0.85
H_2SO_4	0.61	$Ca(OH)_2$	0.90	NH_4Cl	0.84
CH_3COOH	0.013	NH_3	0.013	CH_3COONa	0.79

6・4・2 電離定数

図6・11は弱酸である酢酸の電離度と電離定数が濃度によって変化する様子を表したものである。弱酸といえども、希薄溶液ではかなり電離していることがわかる。

反応式1に対して式2を求め、その値 K_a を**電離定数**と定義する。K_a は一般に反応式1の平衡定数と呼ばれるものである。図に見る通り、電離定数は電離度と違い、濃度に大きく影響されないことがわかる。

$$\frac{[A^+][B^-]}{[AB]} = \frac{c^2\alpha^2}{c(1-\alpha)} = \frac{c\alpha^2}{1-\alpha} = K_a \quad 電離定数 \qquad (2)$$

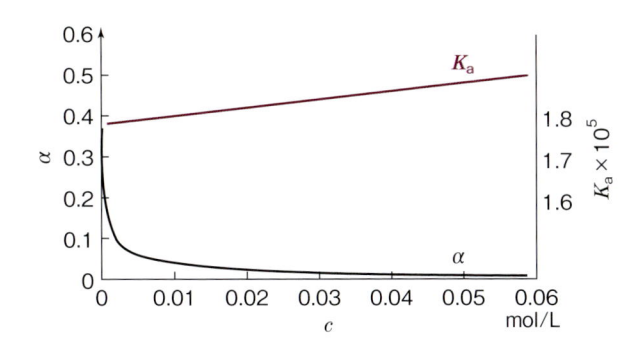

図 6・11　酢酸の電離度および電離定数の濃度による変化

6・5　コロイド溶液

溶質が単一の分子ではなく、大きな分子集合体となっている溶液を**コロイド溶液**という。

6・5・1　コロイドの種類（表 6・4）

コロイドにおいて溶質に相当するものを**分散質**、溶媒に相当するものを**分散媒**という。分散質の大きさは一般に 10^{-9} m (1 nm) ～ 10^{-7} m (100 nm) であり、原子数で 10^3 ～ 10^9 個程度である。コロイド系の種類は表に示したように大変多い[*10]。

コロイド系が溶液状態のものを**ゾル**という。ゼラチンを熱湯に溶いた状態はゾルであるが、これを冷却すると固まってゼリーになる。この状態を**ゲル**という。また、ゲルを乾燥させたもの、すなわち、ゼラチンの粉を**キセロゲル**という。

コロイドは、コロイド粒子の種類によって分類することもできる。す

*10　細胞の内部はコロイド状態である。また、血液など体液の大部分もコロイド状態である。

表 6・4　コロイド分散系の分類と例

分散媒	分散質	例
気体	液体	霧，雲，もやなどのエーロゾル
	固体	煙，空気中のほこり，塵
液体	気体	気泡，石けんの泡（水中に空気）
	液体	牛乳（水中にタンパク質，脂肪），マヨネーズ（水中に油）などの乳濁液
	固体	泥水，絵の具，墨汁などの懸濁液
固体	気体	スポンジ，マシュマロ，軽石，発泡スチロール，パン
	液体	ゼリー，ゼラチン
	固体	ビー玉，色ガラス，ルビー

なわち、タンパク質などの高分子が分散質となった（高）分子コロイド、分子膜が袋状になったミセルなどが分散質となった会合コロイド（またはミセルコロイド）、および、金属微粒子など、不溶性のものが分散質となった分散コロイドである。

6・5・2　コロイドの性質

コロイド粒子は常に動き回っている。これは巨大なコロイド粒子に小さな分散媒分子が不規則に衝突するためであり、これを**ブラウン運動**という。

コロイド溶液に光線を当てると、光路が白く見える。これは光がコロイド粒子に反射したためであり、**チンダル現象**という。

6・5・3　電気二重層

巨大なコロイド粒子は条件が整うと、互いに集まって凝縮し、沈降して粒子系と分散媒に分離する。これをコロイド系の破壊という。

コロイド粒子が分散媒中を浮遊し続ける理由は二つある。一つは、粒子表面を水分子が覆って、粒子が近づいて凝縮することを妨げているからである。このようなコロイドを**親水コロイド**という。また、粒子が電荷を帯びている場合には、粒子に近い分散媒が反対の電荷を帯びて近づく。このような電荷を帯びた分散媒の層を**電気二重層**という（図6・12）。この電気二重層に基づくクーロン反発で粒子の接近を妨げているコロイドを**疎水コロイド**という[*11]。

親水コロイドに少量の電解質を加えると、粒子表面の水分子が電解質に奪われるため、コロイドは凝縮する。これを**凝析**という。一方、疎水コロイドは少量の電解質では凝縮しないが、大量の電解質を加えると電気二重層が中和されて凝縮する（図6・12）。これを**塩析**という[*12]。疎

[*11] 電気二重層の厚いものは安定なコロイドであり、薄いものは不安定である。

[*12] 豆乳にニガリ（主成分は塩化マグネシウム $MgCl_2$）を加えて豆腐を作るのは、塩析の例である。

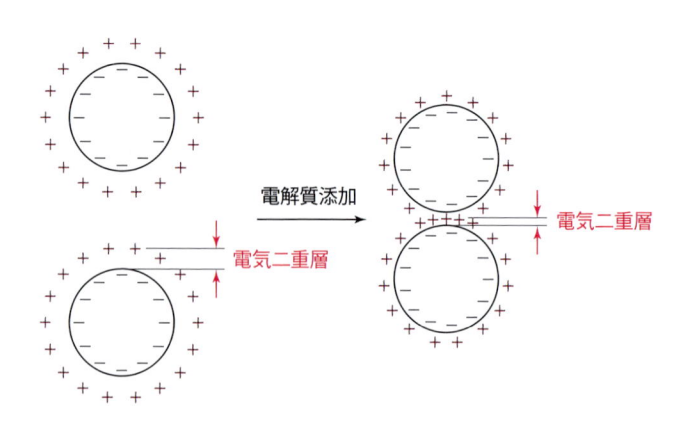

図6・12　電気二重層と塩析のしくみ

水コロイドに親水コロイドを加えてコロイド系を安定化させることがある。この場合の親水コロイドを特に**保護コロイド**という。マヨネーズに加える卵黄はこの例である。

■ 復習問題 ■

1. 溶媒和を構成する引力にはどのようなものがあるか。
2. 水銀が金属を溶かしたものを一般に何というか。
3. 二酸化炭素の溶解度が他の気体より圧倒的に大きいのはなぜか。
4. 結晶が分子に分解する反応が吸熱反応なのはなぜか。
5. アセトンとクロロホルムの溶液がラウールの法則に従わないのはなぜか。
6. 冬、高速道路に食塩を撒くのはなぜか。
7. 白菜を塩漬けにするとシンナリするのはなぜか。
8. 電離度と電離定数の違いは何か。
9. ゾル、ゲルの例をあげよ。
10. 塩析とはどういうことか説明せよ。

● 国家試験類題 ●

1. 次の記述の正誤を答えよ。
   A 質量モル濃度が等しければ、ブドウ糖水溶液の方が NaCl 水溶液より凝固点降下度は大きい。
   B ブドウ糖の浸透圧は $\Pi = cRT$ で与えられる。ただし c はモル濃度。
2. 次の記述の正誤を答えよ。
   A 1% NaCl 水溶液の浸透圧は 1% ブドウ糖水溶液より大きい。
   B 1% NaCl 水溶液の凝固点降下度は 1% ブドウ糖水溶液より大きい。

第7章 酸・塩基

　酸および塩基は、化学物質の最も一般的な分類方法の一つである。医薬品を含む多くの化合物は、酸あるいは塩基としての性質を持つ。細胞が生きていくためには、細胞内の酸と塩基の濃度が適切な範囲に制御されている必要がある。また、酸性の雨が降る酸性雨は大きな環境問題となっている。本章では、これらの事象を理解する基盤 ―酸および塩基の定義・具体例・強弱・代表的な反応― について学ぶ。

7・1　酸と塩基の定義

7・1・1　ブレンステッド-ローリーによる定義

　「酸」と「塩基」[*1] の定義は複数存在するが（次頁囲み解説参照）、最も一般的な定義は、1923年、デンマークのブレンステッドと英国のローリーによりなされた以下の定義である。

　「酸」は、プロトン H^+ の供与体である。
　「塩基」は、プロトン H^+ の受容体である。

　ブレンステッド-ローリーの酸は、水素原子を持つため、一般に「H―A」と表される。一方塩基は、電子を持たない H^+ との結合形成に利用できる電子対を持つため、一般に「：B」と表される。"：" は電子対を表す。

*1　代表的な酸と塩基
酸
HCl　塩化水素（塩酸）
HBr　臭化水素（臭化水素酸）
H_2SO_4　硫酸
HNO_3　硝酸
H_3PO_4　リン酸
CH_3COOH　酢酸

塩基
NaOH　水酸化ナトリウム
KOH　水酸化カリウム
$Ca(OH)_2$　水酸化カルシウム
$Ba(OH)_2$　水酸化バリウム
$Mg(OH)_2$　水酸化マグネシウム
NH_3　アンモニア

7・1・2　共役酸と共役塩基

　酸と塩基の反応は、酸から塩基へと H^+ が移動するプロトン移動反応である（式7・1）。酸 H―A は H^+ を失い、H―A 結合を形成していた電子対が A 上に移動して :A⁻ が生成する。一方、塩基 :B の電子対は、酸由来の H^+ と新しい結合を形成する。一つの結合が切断され、一つの結合が生成した結果、**共役塩基**と**共役酸**という二つの生成物が得られる。

　共役塩基　酸から H^+ が失われて生成する塩基　:A⁻
　共役酸　　塩基が H^+ を受け取って生成する酸　H―B⁺

$$H\text{-}A + :B \rightleftharpoons :A^- + H\text{-}B^+ \quad (7\cdot1)$$
　　酸　　塩基　　共役塩基　共役酸

7・1・3　水は酸としても塩基としても働く

　具体的な反応例を紹介したい。塩化水素 HCl と水 H_2O を混合すると式（7・2）の反応が進む。HCl は H^+ を水に渡して Cl⁻ となり、H^+ を受

解説

酸・塩基の定義いろいろ

古くから化学者は、多くの化合物が同じような反応（例えばリトマスという染料を赤あるいは青に変色させる反応）をすることを見出していた。だが、これらの化合物が持つ共通の特徴は長い間わからなかった。最も古い（1884年ごろ）適切な定義は、スウェーデンのアレニウスによってなされた以下の定義である。

「酸」は、水中でH$^+$を生成する化合物である。
「塩基」は、水中で$^-$OHを生成する化合物である。

この定義は、水中での酸・塩基の性質を適切に説明する。水以外の溶媒では成り立たないが、ブレンステッド–ローリーによる定義はアレニウスの定義を拡張したものといえるだろう。

一方、ブレンステッドとローリーが酸・塩基に関する定義を提唱したのと同じ1923年、アメリカのルイスは以下のような定義を発表した。ルイスの定義は、ブレンステッド–ローリーの定義よりも一般的である。

「酸」は、電子対の受容体である。
「塩基」は、電子対の供与体である。

電子不足で、電子対を受け取ることができる化学種は全てルイス酸である。ブレンステッド–ローリーの酸は、プロトンを失い、そのプロトンが電子対を受け取るため、ルイス酸でもある。だが、逆は成り立たない。ブレンステッド–ローリーの酸ではないルイス酸の例として、AlCl$_3$やBF$_3$があげられる。これらは価電子が充填されていない軌道を持ち、電子対を受け取ることができる。

ルイス塩基はブレンステッド–ローリーの塩基と同じ特徴を持つ。すなわち、新しい結合形成に容易に利用できる電子対（多くの場合、非共有電子対）を持つ。ブレンステッド–ローリーの塩基は常にプロトンに電子対を供与するが、ルイス塩基は電子不足のものであれば何に対しても電子対を供与する。

け取ったH$_2$OはH$_3$O$^+$となる。すなわち、HClは酸として働き、H$_2$Oは塩基として働いている。プロトン移動の結果生じるCl$^-$は共役塩基、H$_3$O$^+$は共役酸である。

$$\text{H}-\ddot{\text{Cl}}: \ + \ \text{H}_2\ddot{\text{O}} \ \rightleftharpoons \ :\ddot{\text{Cl}}:^- \ + \ \text{H}_3\ddot{\text{O}}^+ \qquad (7\cdot2)$$
$$\text{酸} \qquad \text{塩基} \qquad \text{共役塩基} \quad \text{共役酸}$$

反応例をもう一つ紹介しよう。水H$_2$OとアンモニアNH$_3$を混合すると、式 (7・3) の反応が進む。ここで、H$_2$OはH$^+$をNH$_3$に渡してHO$^-$となり、H$^+$を受け取ったNH$_3$はNH$_4$$^+$となる。すなわち、H$_2$Oは酸として働き、NH$_3$は塩基として働いている。HO$^-$は共役塩基、NH$_4$$^+$は共役酸である。

$$\text{H}_2\ddot{\text{O}} \ + \ :\text{NH}_3 \ \rightleftharpoons \ \text{H}\ddot{\text{O}}:^- \ + \ ^+\text{NH}_4 \qquad (7\cdot3)$$
$$\text{酸} \qquad \text{塩基} \qquad \text{共役塩基} \quad \text{共役酸}$$

H$_2$Oは、式 (7・2) の例では塩基として、式 (7・3) の例では酸として働いている。H$_2$Oは、「供与しうるH$^+$」と「H$^+$を受け取ることができる非共有電子対」を併せ持つため、酸と塩基のどちらとしても働くことができる。このような分子を**両性**であるという。

7・2 酸の強さと pK_a

7・2・1 酸の強さ：酸解離定数 K_a

酸の強弱は H$^+$ の供与しやすさで決まる。H$^+$ を供与しやすい酸は強酸で、H$^+$ を供与しにくい酸は**弱酸**である。ブレンステッド-ローリーの酸 H-A を水に溶かすと式 (7・4) のような反応が進行する。H$^+$ の供与のしやすさ（酸性度）は、この平衡反応の**平衡定数**により決まる。H$^+$ を供与しやすい酸（強い酸）であるほど平衡は右に傾き、H$^+$ を供与しにくい酸（弱い酸）であるほど平衡は左に傾く。

$$\text{H-A} + \text{H}_2\ddot{\text{O}} \rightleftharpoons \text{:A}^- + \text{H}_3\overset{..}{\text{O}}^+ \quad (7・4)$$

　　　酸　　　塩基　　　共役塩基　共役酸

この反応の平衡定数 K_{eq} は、以下のように表される。

$$K_{eq} = \frac{[\text{A}^-][\text{H}_3\text{O}^+]}{[\text{HA}][\text{H}_2\text{O}]}$$

酸性度は希薄溶液で測定するため、水の濃度 [H$_2$O] はほとんど変化しない。したがって、**酸解離定数 K_a** という別の定数を用いて、以下のように表せる。酸解離定数は、平衡定数 K_{eq} に水のモル濃度 55.5 mol/L を掛けた値となる。

$$K_a = \frac{[\text{A}^-][\text{H}_3\text{O}^+]}{[\text{HA}]} = K_{eq}[\text{H}_2\text{O}]$$

強い酸は右に偏った平衡を持つため酸解離定数 K_a は大きく、弱い酸は左に偏った平衡を持つため酸解離定数は小さい。酸解離定数は非常に広い幅を持ち、最も強い酸で約 10^{15}、最も弱い酸で約 10^{-60} である[*2]。

*2 **酸性食品とアルカリ性食品**
「アルカリ性食品」という言葉を聞いたことがあるだろうか？ 野菜や果物、海藻はアルカリ性食品、穀物や肉、魚は酸性食品と分類されるようだ。しかし後述するように、我々の体内は弱アルカリ性に保たれており、食品によって体が酸性や塩基性（アルカリ性）に傾くことはない。

7・2・2 pK_a

弱酸の場合、酸解離定数 K_a は 1 よりもかなり小さな値をとるため、比較が難しい。そのため、酸の強さは通常 **pK_a** を用いて表す。pK_a は、

表 7・1　代表的な酸の pK_a

酸	名称	pK_a	共役塩基
CH$_3$CH$_2$OH	エタノール	16.00	CH$_3$CH$_2$O$^-$
H$_2$O	水	15.74	HO$^-$
HCN	シアン化水素酸	9.31	CN$^-$
CH$_3$CO$_2$H	酢酸	4.76	CH$_3$CO$_2^-$
H$_3$PO$_4$	リン酸	2.16	H$_2$PO$_4^-$
HNO$_3$	硝酸	−1.3	NO$_3^-$
HCl	塩酸	−7.0	Cl$^-$

（上：弱い酸／強い塩基　下：強い酸／弱い塩基）

K_a の常用対数に負の記号をつけたものであり、比較しやすい値となる。
$$\mathrm{p}K_a = -\log K_a$$

強い酸は小さな $\mathrm{p}K_a$ を持ち、弱い酸は大きな $\mathrm{p}K_a$ を持つ。代表的な化合物の $\mathrm{p}K_a$ を**表 7・1** に示す。

7・2・3 塩基の強さ

塩基の強弱は H^+ の受け取りやすさで決まる。H^+ を受け取りやすい塩基は強い塩基で、H^+ を受け取りにくい塩基は弱い塩基である。酸の強弱の指標は $\mathrm{p}K_a$ であったが、塩基の強弱も $\mathrm{p}K_a$ が指標となる[*3]。

式 (7・1) の酸–塩基平衡反応の「酸」と「共役塩基」に着目しよう。強酸であると、容易にプロトンを供与するため、平衡は右に傾く。この状態は、共役塩基が H^+ を受け取りづらく、塩基性が弱いことを意味する。逆に弱酸であると、平衡は左に傾く。この状態は、共役塩基が容易にプロトンを受け取ること、すなわち共役塩基が強塩基であることを意味する。

表 7・1 では、代表的な酸の $\mathrm{p}K_a$ を大きなものから、すなわち酸性度が弱いものから並べた。弱酸は強い共役塩基を生成するので、共役塩基は塩基性度の強いものから並べたものとなる。すなわち、ある塩基の共役酸の $\mathrm{p}K_a$ が大きいほど、その塩基は強塩基ということになる。$\mathrm{p}K_a$ を比較することで、二つの酸の相対的な酸性度が比較できるだけでなく、その共役塩基の相対的な塩基性度も比較できる。

7・2・4 酸–塩基反応の予測

酸–塩基反応の平衡が、どちらに、どの程度傾くかは、$\mathrm{p}K_a$ を用いて予測できる。具体例を式 (7・5) に示す。酸は塩基にプロトンを供与し、共役塩基と共役酸が生成するので、反応混合物中には常に二つの酸と二つの塩基が存在する。$\mathrm{p}K_a$ は酸の強さの指標なので、酸と共役酸に着目するとわかりやすい。より強い酸が反応してより弱い酸を与える方向に平衡が傾く。

$$\mathrm{CH_3COOH} + \mathrm{Na^+{}^-OH} \rightleftharpoons \mathrm{CH_3COO^-Na^+} + \mathrm{H_2O} \quad (7 \cdot 5\mathrm{a})$$
$\mathrm{p}K_a = 4.76$ 　　　　　　　　　　　　　　　$\mathrm{p}K_a = 15.74$
より強い酸　　　　　　　　　　　　　　　　　より弱い酸

$$\mathrm{CH_3CH_2OH} + \mathrm{NH_3} \rightleftharpoons \mathrm{CH_3CH_2O^-} + \mathrm{NH_4^+} \quad (7 \cdot 5\mathrm{b})$$
$\mathrm{p}K_a = 15.9$ 　　　　　　　　　　　　$\mathrm{p}K_a = 9.4$
より弱い酸　　　　　　　　　　　　　　　より強い酸

[*3] **$\mathrm{p}K_b$**
酸解離定数 K_a や $\mathrm{p}K_a$ と同様に、塩基解離定数 K_b および $\mathrm{p}K_b$ が定義される。塩基：A^- の K_{eq}、K_b および $\mathrm{p}K_b$ は以下のようになる。

$$:\mathrm{A}^- + \mathrm{H_2\ddot{O}} \rightleftharpoons \mathrm{H\text{-}A} + \mathrm{H\ddot{O}}:^-$$

$$K_{eq} = \frac{[\mathrm{HA}][\mathrm{HO}^-]}{[\mathrm{A}^-][\mathrm{H_2O}]}$$

$$K_b = \frac{[\mathrm{HA}][\mathrm{HO}^-]}{[\mathrm{A}^-]} = K_{eq}[\mathrm{H_2O}]$$

$$\mathrm{p}K_b = -\log K_b$$

だが本文で述べたように、塩基の強度も $\mathrm{p}K_a$ で表すことが多くなっている。

7・2・5 酸および塩基の価数

酸の**価数**とは、酸1分子が持つ「プロトンとして供与されうる水素の数」である。酢酸 CH_3COOH や塩酸 HCl などは1価の酸、硫酸 H_2SO_4 は2価の酸、リン酸 H_3PO_4 は3価の酸である。塩基の場合も同様で、塩基1分子が「受け取ることができるプロトンの数」を塩基の価数という。CH_3COO^- は1価の塩基、$Ca(OH)_2$ は2価の塩基である。2価あるいは3価の酸は、pK_a 値を二つあるいは三つ持つ。2価の酸である硫酸 H_2SO_4 を水に溶かすと、まず、共役塩基として HSO_4^- が生じる。続いて、HSO_4^- が酸として働き、SO_4^{2-} を共役塩基として生じる。

$$H_2SO_4 + H_2O \rightleftharpoons HSO_4^- + H_3O^+ \quad pK_{a1} = -3.0$$
$$HSO_4^- + H_2O \rightleftharpoons SO_4^{2-} + H_3O^+ \quad pK_{a2} = 2.0$$

上記二つの平衡反応には各々 pK_a 値が存在する。一段階目の pK_a 値（pK_{a1}）は -3.0、二段階目の pK_a 値（pK_{a2}）は 2.0 と大きく異なる。

7・3 有機酸と有機塩基

有機酸あるいは塩基とは、酸あるいは塩基の性質を持つ有機化合物の総称である。多くの医薬品が、酸あるいは塩基の性質を示す有機化合物である。

7・3・1 有機酸

ほとんどの**有機酸**はカルボキシ基 $-COOH$ 基を持つ**カルボン酸**である。代表的なカルボン酸に酢酸やピルビン酸、クエン酸がある。酸性医薬品の例として、アセチルサリチル酸（アスピリン）があげられる（**図7・1**）。いずれの分子も正に分極した水素原子を持ち、プロトンとして放出される。カルボン酸の pK_a は 3〜5 程度であり、やや強い酸である。

カルボン酸が H^+ を供与することで生じる共役塩基は負電荷を持つが、この負電荷は電気陰性度の高い酸素原子上に存在し、**共鳴**によって安定化されている（13・5節参照）。そのためカルボン酸は、比較的強い酸性

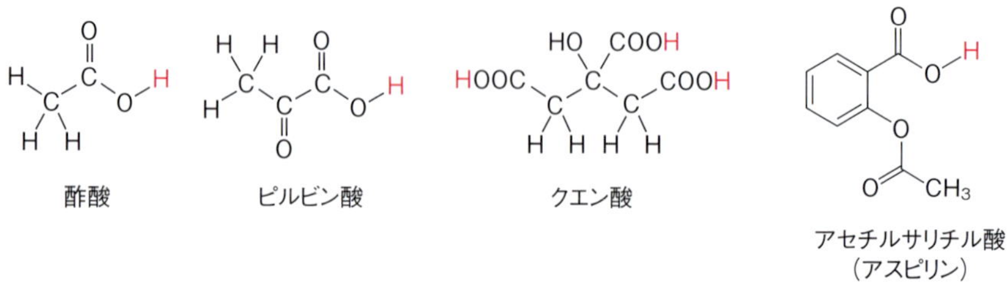

図7・1 有機酸の例（供与されるプロトンを赤字で示した）

を示す (式 7・6)。

$$\text{式 (7・6)}$$

一般的な有機酸は、無機酸と比べて弱酸である。H_2SO_4 や HCl のような無機酸は、$-2 \sim -9$ (K_a は $10^2 \sim 10^9$) の pK_a 値をとることが多いが、有機酸の pK_a は $5 \sim 15$ (K_a は $10^{-5} \sim 10^{-15}$) 程度である。

7・3・2 有機塩基

一般的な**有機塩基**は、アミノ基 $-NH_2$ 基を持つ**アミン**である。アミンはプロトンと結合できる**非共有電子対**を持つ。有機アミンの例として、メチルアミンとそのプロトン化体の構造を側注[*4]に示す。アミンの共役酸の pK_a 値は $10 \sim 11$ 程度である。生体内には、ヒスタミンやドーパミン、スペルミンなど、重要な働きを果たす有機アミン類が多数存在する[*5]。これら生体内アミン類は薬学的にも重要な分子である。塩基性医薬品の例として、**リドカイン**（局所麻酔薬・抗不整脈薬）などがあげられる[*6]。

7・4　pH

水溶液中で正電荷を持つ水素イオンの濃度は**pH**（水素イオン指数）で表される。pH は水溶液の酸性、塩基性の度合いを表す物理量である[*7]。水中の水素イオンは水和しており、$[H_3O^+]$ で表される。

$$pH = -\log[H_3O^+]$$

まず、純水の pH を考えよう。液体の水分子は以下のような平衡状態にある。

$$H_2O + H_2O \rightleftharpoons OH^- + H_3O^+$$

純水では、25℃において、$[H_3O^+] = [OH^-] = 1.0 \times 10^{-7}$ mol/L となる。**中性**のとき、$[H_3O^+] = [OH^-]$ であるため、純水は中性であり、中性の pH は 7 となる。$[H_3O^+]$ が高いほど、すなわち pH が小さいほど、より酸性である。逆に、$[H_3O^+]$ が低いほど、すなわち pH が大きいほど、より塩基性である。酸性溶液の pH は 7 より小さく、塩基性溶液の pH は 7 よりも大きい。水溶液の pH は、酸や塩基を加えることで変化させることができる。身近な溶液の pH を本章コラムにまとめた。通常の水溶液の pH は 0 〜 14 の範囲にある。

[*4] メチルアミンの構造

メチルアミン

プロトン化された
メチルアミン
$pK_a = 10.7$

[*5] 生体内有機アミンの例

ヒスタミン

ドーパミン

スペルミン

[*6] リドカインの構造

[*7] pH の測定法

簡便な方法として、pH 指示薬を用いる方法がある。色調が変わる pH の範囲（変色域）が異なる複数の指示薬をろ紙にしみ込ませた pH 試験紙が市販されており、1〜14 の広い範囲の pH を知ることができる。

より正確な方法として、pH メーターを用いる方法がある。pH メーターは、ガラス電極と参照電極との間に生じた電位差を検出することで pH を測定する。

COLUMN

身近な水溶液の pH

　ヒトの胃酸には塩酸が含まれており、強い酸性を示す。また、食品には酸性のものが多く、中にはかなり強い酸性を示すものがある。酢の pH は 2.5〜3.5、酸味の強い柑橘類（レモンやスダチ、カボスなど）の果汁の pH は 2.5 とかなり強い酸性を示す。味加減を「塩梅（塩味と梅の酸味のこと）」というが、塩味と酸味のバランスが料理の大切な要素といわれている。おいしく感じられるのは弱酸性の pH が 4〜6 の間で、pH8 になると味がぼやけ、pH3 になると酸味を感じるそうだ。レモンやスダチなどの果汁を少量料理に加えることで pH が下がり、味がしまって感じられる。

　pH は、味だけではなく、見た目にも大きな影響を与える。食品にはさまざまな色素が含まれているが、天然色素の多くは pH に応じて色が変化する。梅漬けで使うシソにはシソニン（アントシアニン）という色素が含まれており、酸性では赤色、塩基性では青色になる性質を持つ。側注5で紹介した pH 指示薬と同じ原理である。シソは酸性の梅酢中では深紅になり、ミョウガやショウガを梅酢に漬けておくと美しいピンク色になる。個人差もあるだろうが、青い酢漬けではいささか食欲がそがれるのではないだろうか？

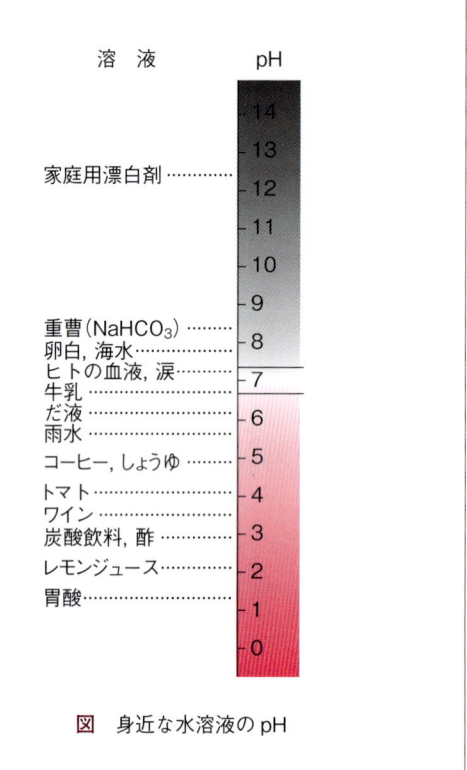

図　身近な水溶液の pH

　上述のように、純水では 25 ℃において、$[H_3O^+] = [^-OH] = 1.0 \times 10^{-7}$ である。このことから、以下の関係が成り立つ。

$$K_w = [H_3O^+][^-OH] = (1.0 \times 10^{-7}\,\text{mol/L})(1.0 \times 10^{-7}\,\text{mol/L})$$
$$= 1.0 \times 10^{-14}\,\text{mol}^2\,\text{L}^{-2}$$

　K_w は水のイオン積と呼ばれ、それぞれの温度のもとで、常に一定に保たれている。そのため、$[H_3O^+]$、$[^-OH]$ のどちらかがわかれば、もう一方も算出できる。

　pH と pK_a を混同しないように注意しよう。pH は水溶液の酸性度・塩基性度を示す指標である。一方、pK_a はその化合物がどの程度プロトンを放出しやすいかを示す指標であり、沸点や融点のように化合物固有の値である。

　pH と pK_a の間には、下式のような関係があり、これを**ヘンダーソン－ハッセルバルヒ（Henderson-Hasselbalch）の式**と呼ぶ[*8]。この式を用いることで、ある pK_a を持つ酸が、特定の pH 条件下で、「分子形

H−A」と「イオン形：A⁻」がどの割合で存在しているかを推定できる。pH＜pK_a の場合は、「分子形 H−A」の方が「イオン形：A⁻」よりも多くなる。逆に、pH＞pK_a の場合は、「イオン形：A⁻」の方が「分子形 H−A」よりも多くなる。

$$pK_a = pH + \log \frac{[HA]}{[A^-]}$$

7・5 緩衝液

緩衝液とは、外部から酸や塩基を加えても水溶液中のpHが変化しにくい性質を持つ溶液である。緩衝液は「弱酸とその共役塩基（すなわち強塩基）」や「弱塩基とその共役酸（すなわち強酸）」の混合溶液である*9。

酢酸 CH_3COOH と酢酸ナトリウム $CH_3COO^-Na^+$ からなる緩衝液を例に説明しよう。酢酸は弱酸であるため、水溶液中の平衡は大きく左に傾いている。一方、酢酸ナトリウムの水溶液中の平衡は大きく右に傾いている。したがって、酢酸と酢酸ナトリウムを等量混合したときは、$[CH_3COOH]$ と $[CH_3COO^-]$ はほぼ等しくなる。

$$CH_3COOH + H_2O \rightleftarrows CH_3COO^- + H_3O^+$$
$$CH_3COONa \rightleftarrows CH_3COO^- + Na^+$$

ここに少量の塩基を加えると、大量に存在する CH_3COOH と反応して CH_3COO^- を与え、⁻OH はほとんど増えない。一方、少量の酸を加えると、大量に存在する CH_3COO^- と反応して CH_3COOH を与え、H_3O^+ はほとんど増えない。そのため、この緩衝液のpHは変化しづらいのである。

$$CH_3COOH + {}^-OH \longrightarrow CH_3COO^- + H_2O$$
$$CH_3COO^- + H_3O^+ \longrightarrow CH_3COOH + H_2O \quad (7 \cdot 7)$$

[CH_3COOH および CH_3COO^- は、ともに高濃度に存在している]

---

*8 **ヘンダーソン-ハッセルバルヒ式の誘導**

ヘンダーソン-ハッセルバルヒ式は、酸解離定数の定義から誘導できる。

$$K_a = \frac{[A^-][H_3O^+]}{[HA]}$$

上式の両辺の常用対数をとると下式になる。

$$\log K_a = \log \frac{[A^-][H_3O^+]}{[HA]}$$
$$= \log[H_3O^+] + \log \frac{[A^-]}{[HA]}$$

上式の両辺に −1 を掛けると下式になる。

$$-\log K_a = -\log[H_3O^+] - \log \frac{[A^-]}{[HA]}$$
$$= -\log[H_3O^+] + \log \frac{[HA]}{[A^-]}$$

$pK_a = -\log K_a$、$pH = -\log[H_3O^+]$ であるから、上式はヘンダーソン-ハッセルバルヒ式を意味する。

*9 **生体内の緩衝液**

哺乳類の血液のpHは 7.40±0.02 に厳密に保たれており、血液は緩衝液として働いている。緩衝液は医療の現場でも重要な役割を果たしている。注射剤や点滴剤はリン酸イオンや酢酸イオンを含む緩衝液である。医療に用いられる水溶液のpHは、人体に最適なpHに維持されている必要がある。

■ 復習問題 ■

1. 次の酸の共役塩基を書け。

   HBr，H_2CO_3，HSO_4^-，CH_3CH_2OH，CH_3CH_2COOH，$H_2PO_4^-$，NH_3

2. 次の塩基の共役酸を書け。

   NH_3，CH_3O^-，CH_3COO^-，Cl^-，$H_2PO_4^-$，NO_3^-，^-OH

3. 室温において、以下の溶液の pH を求めよ。

   a) $[H^+] = 0.1$ mol/L   b) $[H^+] = 0.001$ mol/L   c) $[H^+] = 1 \times 10^{-10}$ mol/L   d) $[^-OH] = 0.001$ mol/L

4. pH＝4 の塩酸（HCl の水溶液）を純粋な水で 100 倍に希釈した溶液の pH を求めよ。

5. H_2N^- は HO^- よりもはるかに強い塩基である。その共役酸である NH_3 と H_2O では、どちらがより強い酸か？

6. pK_a が 5.0 の化合物と 4.6 の化合物では、どちらがより強い酸か？ K_a が 2.5×10^{-4} の化合物と 3.8×10^{-6} の化合物では、どちらがより強い酸か？

7. 下記の化合物はいずれも酸として働く。pH＝7.0 の溶液中で、イオン形および分子形のどちらが多いか、その化学種の構造を書け。

   CH_3COOH (pK_a＝4.76)，HBr (pK_a＝-9)，$CH_3^+NH_3$ (pK_a＝10.7)，CH_3CH_2OH (pK_a＝15.9)

8. CH_3CH_2COOH (pK_a＝4.9) のイオン形（脱プロトン化体）と分子形（プロトン化体）の比が、1：1 となる pH と、1：100 となる pH を答えよ。

9. pK_a＝16 の酸は pK_a＝5 の酸と比べ、何倍強い（あるいは弱い）酸か？

10. 制酸剤は胃酸を中和する化合物である。炭酸カルシウム $CaCO_3$ が制酸剤として働く理由を答えよ。なお、胃酸の主成分は塩酸（HCl の水溶液）である。

● 国家試験類題 ●

1. 弱酸性薬物の水溶液の pH が、その薬物の pK_a より 2 高いとき、水溶液中の薬物の 分子形：イオン形 の存在比はどうなるか。

2. 0.10 mol/L リン酸 400 mL と 0.20 mol/L 水酸化ナトリウム 300 mL を混合した水溶液の 25℃ における pH はどうなるか。ただし、リン酸の pK_{a1}＝2.12、pK_{a2}＝7.21、pK_{a3}＝12.32（各 25℃）とする。

3. ルイス酸はどれか。1 つ選べ。

$N(CH_3)_3$	$S(CH_3)_2$	$P(C_6H_5)_3$	BF_3	(テトラヒドロフラン)
1	2	3	4	5

第8章 酸化・還元

化学反応の中で最も重要なものの一つが酸化・還元である。生体の重要な機能の一つである代謝も結局は酸化反応であり、植物の行う光合成は重要な過程として還元過程を含む。酸素と結合することは酸化されることであり、酸素を奪われることは還元されることである、といわれる。しかし、酸化・還元はそれだけではない。原理的に全ての反応は酸化反応か還元反応に分類することができる。水素、電子との反応は特に重要である。酸化・還元反応は金属の溶解、電離反応をも含む。化学電池は金属の酸化・還元反応を利用したものである。

8・1 酸化数

化学では「酸化する」、「還元する」という動詞をもっぱら他動詞として用いる。したがって、酸素が鉄を酸化するのは「酸素が鉄を酸化する」という表現でよい。しかし、鉄が酸素と反応して錆びるのは、「鉄が酸化される」と受動態で表現することになる。「鉄が酸化した」という表現が許されるのは、鉄が酸化剤として働いた場合に限られる（表8・1）[*1]。

*1 化学的な表現
○ $4Fe + 3O_2 \rightarrow 2Fe_2O_3$
 鉄が酸化された
 （Fe が O_2 によって酸化された）
○ $Fe_2O_3 + 2Al \rightarrow 2Fe + Al_2O_3$
 鉄が酸化した
 （Fe_2O_3 が Al を酸化した）

表8・1 酸化と還元の関係

	酸化された	還元された
酸化数	酸化数が増えた	酸化数が減った
O	O を受け入れた	O を放出した
H	H を放出した	H を受け入れた
e^-	e^- を放出した	e^- を受け入れた

8・1・1 酸化数の決め方

酸化・還元を理解するには**酸化数**を用いるのが便利である。酸化数とはイオンの価数に似ているが、それとは若干異なる。酸化数の決め方は次のようなものである。カッコ内の数字が酸化数である。

① 単体を構成する原子の酸化数 = 0

 H_2 の H(0)、O_2 の O(0)、O_3 の O(0)、ダイヤモンドの C(0)。

② イオンの酸化数 = イオンの価数

 Na^+ の Na(+1)、Cl^- の Cl(−1)、Fe^{2+} の Fe(+2)、Fe^{3+} の Fe(+3)。

 このように、一つの原子が複数個の酸化数をとることがある。

③ 共有結合性化合物の場合は、全ての結合電子対は電気陰性度の大きい原子に属するものとしたうえで、②の約束を適用する。

 HCl の Cl(−1)、H(+1)。

④ 分子中の水素、酸素の酸化数はそれぞれ原則的に +1、−2 とする*2。
⑤ 電気的に中性の分子を構成する全原子の酸化数の総和は 0 とする。
　HNO_3 の N の酸化数を x とすれば、$1+x+(-2)\times 3 = 0$ で $x=5$ となる。

*2　④の例外
　NaH の H（−1）
　CaH_2 の H（−1）
　H_2O_2 の O（−1）　など

8・2　酸化・還元

　反応において、ある原子の酸化数が増えたとき、その原子は酸化されたといい、酸化数が減ったとき、その原子は還元されたという。

8・2・1　酸素との反応

　原子 A が酸素と反応して酸化物 AO になったとしよう。このとき A の酸化数は 0 から +2 に増えている。したがって、A は酸化されたことになる。反対に AO が酸素を失って A になったとすれば、A の酸化数は +2 から 0 に減少している。したがって還元されたことになる*3。

8・2・2　水素との反応

　原子 A が水素と反応して AH_2 になったとしよう。このとき A の酸化数は 0 から −2 に減少している。したがって A は還元されたことになる。反対に AH_2 が水素を失って A になったとすれば、A の酸化数は −2 から 0 に増加している。したがって酸化されたことになる。

8・2・3　電子との反応

　原子 A が電子を放出して陽イオン A^+ になったとしよう。このとき A の酸化数は 0 から +1 に増えている。したがって A は酸化されたことになる。反対に A が電子を受け入れて陰イオン A^- になったとすれば、A の酸化数は 0 から −1 に減少している。したがって還元されたことになる。

　このように、酸化されるとは
① 酸素を受け入れる、② 水素を放出する、③ 電子を放出する　場合であり、
還元されるとは
① 酸素を放出する、② 水素を受け入れる、③ 電子を受け入れる　場合である。

　この他にも、先の酸化数の決め方の ③ を適用すれば、ほとんどの化学反応で酸化・還元が起こっていることになる。

*3　反応 $Fe_2O_3 + 2Al \rightarrow 2Fe + Al_2O_3$ において、Fe の酸化数は 3→0 に減っているので、Fe は還元されている。一方、Al の酸化数は 0→3 に増加しているので、Al は酸化されている。

8・3 酸化剤・還元剤

相手を酸化するものを酸化剤、相手を還元するものを還元剤という。

8・3・1 酸化剤・還元剤の働き（図8・1）

具体的にいうと、**酸化剤**とは
① 相手に酸素を与える
② 相手から水素を奪う
③ 相手から電子を奪うもの であり、

還元剤とは
① 相手から酸素を奪う
② 相手に水素を与える
③ 相手に電子を与えるもの である。

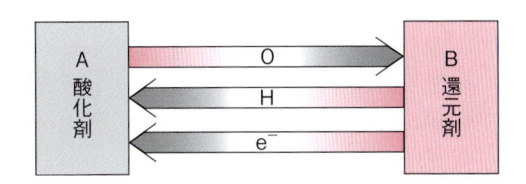

AはBを酸化した：Aは酸化剤
BはAを還元した：Bは還元剤

図8・1 酸化剤・還元剤の働き

8・3・2 酸化剤・還元剤と酸化・還元反応

酸化剤 A と還元剤 B が反応したとしよう（図8・1参照）。酸素を基準にして考えると、酸素は A から B に移動したことになる。したがっ

酸化剤	O_3	$O_3 + 2H^+ + 2e^-$	$\rightarrow O_2 + H_2O$
	H_2O_2	$H_2O_2 + 2H^+ + 2e^-$	$\rightarrow 2H_2O$
	Cl_2	$Cl_2 + 2e^-$	$\rightarrow 2Cl^-$
	O_2	$O_2 + 4H^+ + 4e^-$	$\rightarrow 2H_2O$
	HNO_3（希）	$HNO_3 + 3H^+ + 3e^-$	$\rightarrow NO + 2H_2O$
	HNO_3（濃）	$HNO_3 + H^+ + e^-$	$\rightarrow NO_2 + H_2O$
	H_2SO_4（濃）	$H_2SO_4 + 2H^+ + 2e^-$	$\rightarrow SO_2 + 2H_2O$
還元剤	H_2O_2	H_2O_2	$\rightarrow O_2 + 2H^+ + 2e^-$
	SO_2	$SO_2 + 2H_2O$	$\rightarrow SO_4^{2-} + 4H^+ + 2e^-$
	Li	Li	$\rightarrow Li^+ + e^-$

酸化力大 ↑ / 還元力大 ↓

図8・2 主な酸化剤・還元剤とその反応

て酸化剤Aは酸素を失ったので還元されていることになり、反対に還元剤Bは酸素を受け取っているので酸化されていることになる。すなわち、酸化剤は還元され、還元剤は酸化されているのである。酸化剤、還元剤の主なものと、その反応を図8・2に示した。

このように酸化と還元は同時に進行するのであり、酸素の移動という一つの反応を、どちらの側から見たかに過ぎない*4。

*4
ドーゾ　　　　ワルイワネ
A　　　　　　B
プレゼント授受
＝
酸化還元反応

酸化剤　　　　還元剤

上の変化は「O（酸素）がAからBに移動した」という"一つの現象"に過ぎない。しかし化学反応という観点から見ると、
①Aが還元された
②Bが酸化された
③Aが酸化剤とした働いた
④Bが還元剤として働いた
という四つの化学現象が起きていることになる。

8・4　イオン化傾向

金属は電子を放出して陽イオンになる性質がある。この性質をイオン化傾向という。しかし、この性質は金属によって異なり、イオン化しやすいものとし難いものがある。金属をイオン化しやすい順に並べたものをイオン化列という。

8・4・1　金属のイオン化

硫酸 H_2SO_4 の水溶液、すなわち希硫酸中に亜鉛 Zn の銀白色の板を入れると発熱し、発泡する。長時間入れておくと亜鉛板が薄くなり、溶け出していることがわかる。

この反応は次のようなものである（図8・3）。
① 亜鉛が2個の電子を放出して2価の亜鉛陽イオン Zn^{2+} となる。
　（式1）
② 希硫酸から発生した水素陽イオン H^+ が電子を受け取って水素分子 H_2（水素ガス）となり、泡が出る。（式2）
式1と2をまとめると式3となる。

この反応において亜鉛の酸化数は、0から+2に増加しているので、亜鉛は酸化されていることになる。一方、水素の酸化数は+1から0に減少しているので、水素は還元されていることになる。すなわち、金属の溶解は酸化・還元反応の一種なのである。

$$Zn \longrightarrow Zn^{2+} + 2e^- \quad (1)$$
$$2H^+ + 2e^- \longrightarrow H_2 \quad (2)$$
$$Zn + 2H^+ \longrightarrow Zn^{2+} + H_2 \quad (3)$$

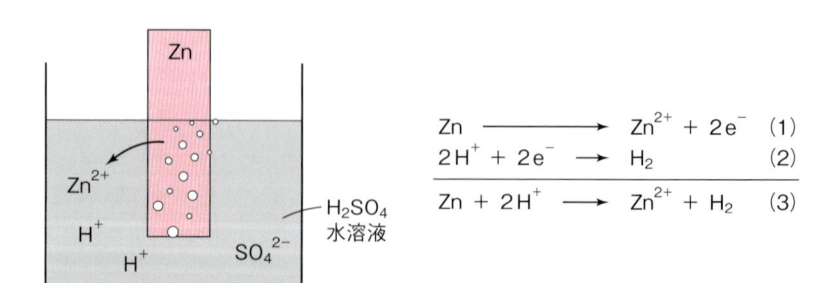

図8・3　亜鉛と硫酸水溶液の反応

$$Zn \longrightarrow Zn^{2+} + 2e^- \quad (1)$$
$$Cu^{2+} + 2e^- \longrightarrow Cu \quad (2)$$
$$Zn + Cu^{2+} \longrightarrow Zn^{2+} + Cu \quad (3)$$

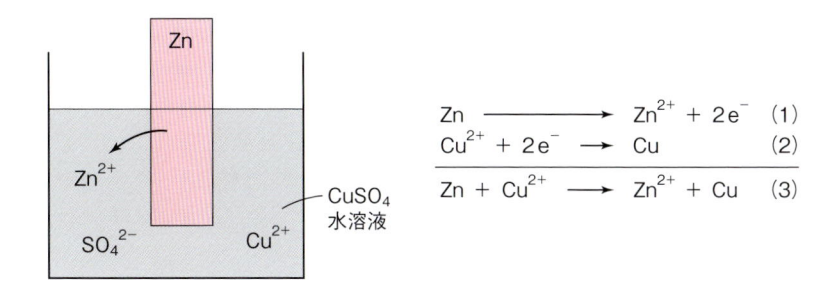

図 8・4 亜鉛と硫酸銅水溶液の反応

8・4・2 イオン化傾向

硫酸銅 $CuSO_4$ 水溶液は、2価の銅イオン Cu^{2+} が青いので、青い色を帯びている。ここに亜鉛の板を入れると、溶液の色は次第に薄くなり、代わりに亜鉛の銀白色の板が赤くなってくる。

この反応は次のようなものである（**図 8・4**）。すなわち、亜鉛が Zn^{2+} として溶けだし、電子を亜鉛板上に放置する（式 1）。この電子を溶液中の銅イオン Cu^{2+} が受け取って金属銅 Cu になる（式 2）。この結果、溶液中では青い Cu^{2+} が少なくなるので色が薄くなる。一方、亜鉛板上には赤い金属銅 Cu が析出するので赤くなるのである。

この反応から明らかになることは、亜鉛と銅を比較すると亜鉛の方がイオン化しやすいということである。これを、「亜鉛は銅よりも**イオン化傾向**が大きい」と表現する。

一方、硫酸銅水溶液中に銀の板を入れても何の変化も起きない。これは、少なくとも銀は亜鉛よりイオン化しやすいことはないということを示すものである。

各種の金属に対して同様の実験を繰り返すと、金属間のイオン化傾向の大小関係を求めることができる。金属をイオン化傾向の大小関係に応じて並べたものを**イオン化列**という（**図 8・5**）[5]。

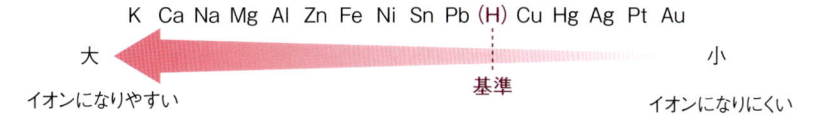

K Ca Na Mg Al Zn Fe Ni Sn Pb (H) Cu Hg Ag Pt Au

大　　　　　　　　　　　　　　　　　　　小
イオンになりやすい　　基準　　　　イオンになりにくい

図 8・5 イオン化列

[5] イオン化傾向は溶液濃度によって変化する。したがってイオン化列を覚えることは無意味だという意見もある。しかし、そのような意見があることを念頭において覚えるならば、十分に意味のあることであろう。

8・5 化学電池

化学反応を用いて電力を発生する装置を**化学電池**という。なお、電流とは電子の移動のことである。電子が A から B に移動したとき、B か

ら A に電流が流れたものと定義されている。

8・5・1 ボルタ電池

化学電池の最も原理的なものは、イタリアの化学者ボルタが1800年に発明した**ボルタ電池**である。

ボルタ電池の構造は、希硫酸を入れた容器に亜鉛と銅の板を入れ、両者を導線で結んだものである。用途に応じて導線の途中に豆電球やモーターをつなげばよい。

発電機構は次のようなものである (**図8・6**)。

① 銅と比較してイオン化傾向の大きい亜鉛がイオン化して Zn^{2+} となり、亜鉛板上に電子を放出する。
② この電子が導線を通って銅板に移動する。これは銅から亜鉛に電流が流れたことを意味する。このとき、電子を発生した亜鉛を**負極**、電子を受け取った銅を**正極**という[*6]。
③ 銅板上に移動した電子は溶液中の水素イオン H^+ に移動して H^+ を水素原子 H にし、さらに水素分子 H_2 として泡とする。

*6 銅板上に析出した H_2 は
$$H_2 \rightarrow 2H^+ + 2e^-$$
となって電子を放出する。これは正極 (銅板) 上に負極が生じたことを意味する。このような現象を一般に分極という。分極が生じるため、ボルタ電池の起電力はすぐに失われ、実用化されることはなかった。これを改良したのが、1836年に開発されたダニエル電池である。

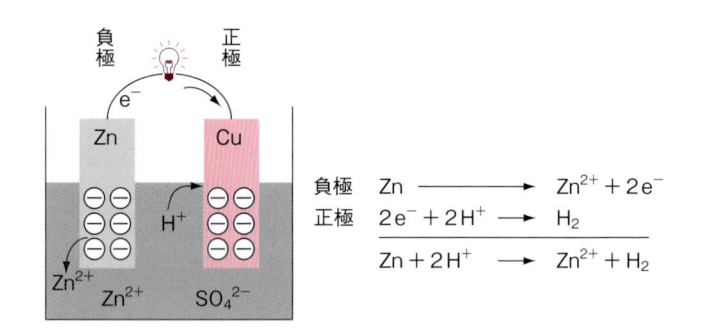

負極 $Zn \longrightarrow Zn^{2+} + 2e^-$
正極 $2e^- + 2H^+ \longrightarrow H_2$
―――――――――――――――――
$Zn + 2H^+ \longrightarrow Zn^{2+} + H_2$

図8・6 ボルタ電池の発電機構

8・5・2 ボルタ電池の電気エネルギー

ボルタ電池の導線の途中に豆電球をつなげば、短時間ではあるが点灯し、モーターをつなげば回転する。豆電球を点灯し、モーターを回転するのは**エネルギー**である。このエネルギーはどこから発生したのであろうか。

化学反応のエネルギー関係については後の章で詳しく見るが、基本的には、反応の出発系と生成系の間のエネルギー差である。ボルタ電池の出発系は亜鉛 Zn と水素イオン H^+ であり、生成系は亜鉛イオン Zn^{2+} と水素分子 H_2 である。

この両系を比較すると、出発系の方が ΔE だけ高エネルギーなのである。そのため、反応が進行すると ΔE が外部に放出され、**電気エネ**

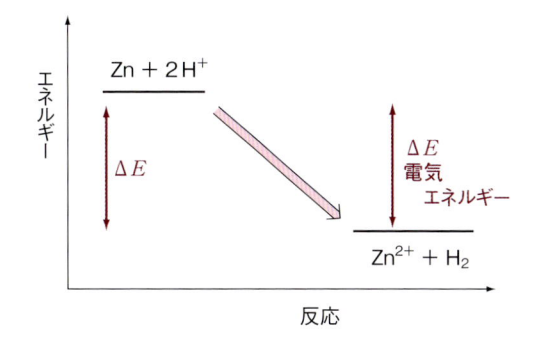

図8・7 ボルタ電池のエネルギー変化

ルギーとなったのである（**図8・7**）。

8・5・3 イオン濃淡電池

18世紀末、ガルヴァーニがカエルの筋肉が電気信号で収縮することを発見し、電気信号と生体は密接な関係にあることがわかった。現在では、神経伝達は軸索内の電圧変化の伝達であることが知られている。ここで使われているのが**イオン濃淡電池**の原理である。イオン濃淡電池とは、膜を隔てて濃度の異なる溶液が接した電池であり、ここで発生する電位を**膜電位**ということがある。

イオン濃淡電池の構造は**図8・8**のようなものである。イオンを通すことのできる隔膜によって隔てられた容器には、硝酸銀 $AgNO_3$ 水溶液が入っている。ただし左室は希薄溶液であり、右室は濃厚溶液である。両室には電極として銀板が挿入され、両極は導線で結ばれている。

すると左室では電極の金属銀が銀イオン Ag^+ として溶けだし、電極に電子 e^- が溜まる。この電子は外部回路の導線を通って右室の銀板に移動し、電流が流れる。電子は右室で溶液中の Ag^+ に渡され、Ag^+ は金属銀となって電極上に堆積する。硝酸イオン NO_3^- は、隔膜を通って右室から左室へ移動し、両室の陰陽イオン濃度を調節する。

このようにして反応が進むと、左室では Ag^+ 濃度が上がり、反対に右室では Ag^+ 濃度が下がる。最終的に両室の Ag^+ 濃度が揃ったところで電流は終了する。

生体では、神経軸索に開いたカリウムチャネル、ナトリウムチャネルを通じてカリウムイオン K^+、ナトリウムイオン Na^+ が軸索を出入りし、それに伴って膜電位が変化するのである[*7]。

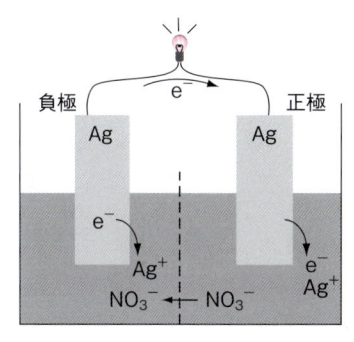

図8・8 イオン濃淡電池の構造

[*7] 電気信号が神経細胞を伝わる仕組みを模式図で表すと下図のようになる（9・2・1項参照）。

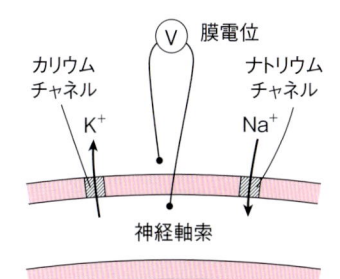

8・6 電気泳動

イオン性の物質を電場に置くと、正電荷を持ったものは陰極に、負電荷を持ったものは陽極に移動する[*8]。これを**電気泳動**という。

電気泳動による物質の移動速度は、その物質の構造やイオンの価数に応じて変化するので、この性質を利用して、電荷を持った物質の混合物を分離することができる(**図8・9**)。

*8 電池で電子を放出する電極を負極、電子を受け取る電極を正極という。電池を用いる器具の場合には、電池の正極に接続した電極を陽極、負極に接続したものを陰極という。電気では、正極・負極・陽極・陰極、アノード・カソードという三種の呼称が混在しており、混乱の元となっている。

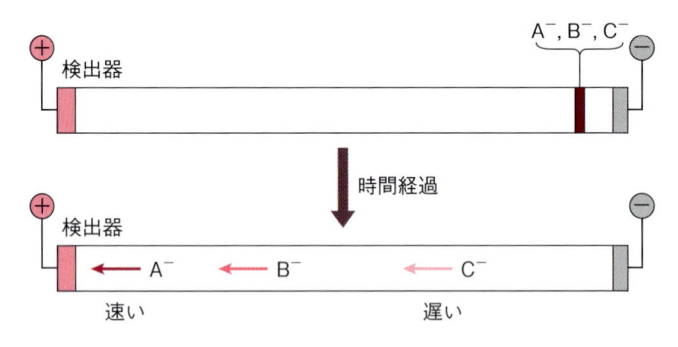

図8・9 電気泳動のしくみ

アミノ酸は**両性電解質**であり、溶液のpHに応じて**図8・10**のような三種のイオンになることができる。したがって、溶液のpHによって、陽極に移動する場合と、陰極に移動する場合がある。しかし、陰陽両イオンの強度が釣り合った場合には移動しない。このときのpHを**等電点**という。アミノ酸の中には電離をする置換基を持つものもあるので、等電点は pH = 7 とは限らない。

図8・10 アミノ酸の等電点

■ 復習問題 ■

1. 次の化合物中で下線を引いた原子の酸化数を求めよ。
   $\underline{H}_2\underline{S}$, $\underline{S}O_2$, $\underline{S}O_3$, $\underline{H}_3PO_4$, $\underline{H}_2SO_4$, $\underline{C}aO$, $\underline{C}a(OH)_2$, Na$\underline{H}$

2. 次の反応で酸化されたもの、および還元されたものはどれか。

   Fe + O$_2$ ⟶ FeO$_2$

COLUMN

水素燃料電池

　水素ガスを燃料とし、それと空気中の酸素が反応して水ができるときの反応エネルギーを電気エネルギーに換える装置を水素燃料電池という。構造は図のようなものである。廃棄物として水しか出ないので環境を汚さないエネルギー源とされている。

　しかし、燃料の水素ガスは自然界にはない。水の電気分解で得ようとしたら、そのために要する電力は、水素燃料電池が発生する電力と等しい量になってしまう。

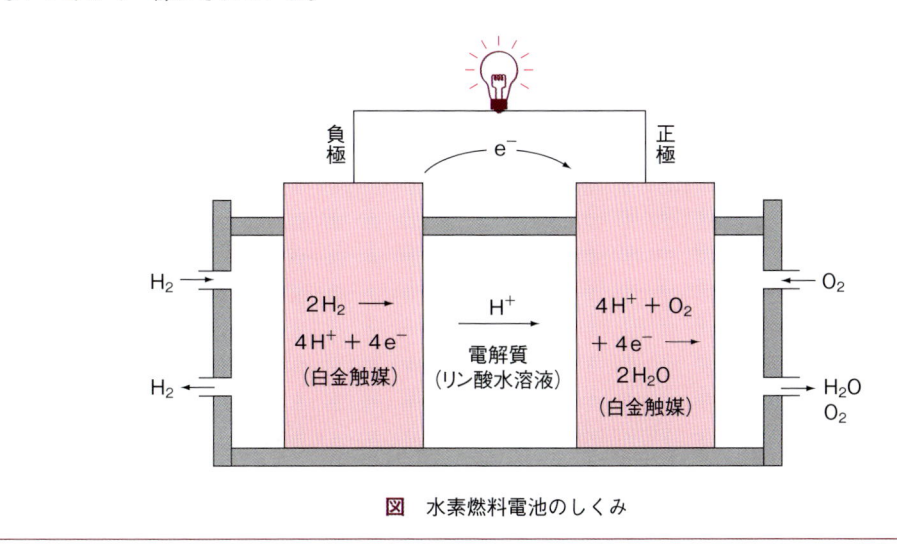

図　水素燃料電池のしくみ

（負極）$2H_2 \rightarrow 4H^+ + 4e^-$（白金触媒）
電解質（リン酸水溶液）
（正極）$4H^+ + O_2 + 4e^- \rightarrow 2H_2O$（白金触媒）

---

3. 次の反応で酸化剤、還元剤として働いたものはそれぞれどれか。
　　$C + 2H_2 \rightarrow CH_4$
4. 亜鉛を希硫酸に溶かすと泡が出る。気体は何か。
5. 硝酸銀水溶液に亜鉛板を入れたらどのような変化が起こるか。
6. 硫酸鉛 $PbSO_4$ の水溶液にアルミニウム板を入れたらどのような変化が起こるか。
7. ボルタ電池において、電子を受けとるのが Zn^{2+} でなく、H^+ なのはなぜか。
8. ボルタ電池において、正極で発生した水素が電離したらどのようなことが起こるか。
9. イオン濃淡電池において、隔膜をガラス板で置き換えたらどのような変化が起こるか。
10. 生体における神経伝達の仕組みを調べよ。

● **国家試験類題** ●

1. 化学電池に関する次の記述で正しいのはどれか。
　　A　正極では酸化反応が起こる。
　　B　電子は正極から負極に流れる。
　　C　電流は正極から負極に流れる。
2. 電気泳動において、イオン性物質の移動速度と比例するのはどれか。一つ選べ。
　　イオン半径、電荷、溶液粘度、溶液 pH、電極間距離

第9章 典型元素各論

　元素は大きく二種類に分類することができる。1族、2族、それと12〜18族までの典型元素と、それ以外の遷移元素である。12族は遷移元素に分類することもあるが、本書では大勢に従って典型元素とした。典型元素の最大の特徴は、各族に属する元素は、その族固有の性質を持っているということである。また、典型元素には標準状態で気体、液体、固体の元素が揃っている。また金属元素、非金属元素、半金属元素などが揃っていることも特徴である。それに対して、遷移元素は全て金属元素である。生体を構成する元素は非金属が主であり、圧倒的に典型元素が多い。

9・1　典型元素の性質

　元素の性質、反応性が電子配置の反映であることは今さらいうまでもないが、典型元素、遷移元素の分類もまた電子配置によるものである。

9・1・1　電子配置

　典型元素の電子配置上の特色は、**価電子**（最外殻電子）の個数が族の数字と一致していることである。すなわち、1族は1個、2族は2個であり、12族以降は一桁目の数字が価電子の個数となっている。この価電子の個数によって、各族の元素が固有のイオン価数をとることは第3章の周期表の項で見た通りである。

　また、典型元素では価電子がs軌道、もしくはp軌道に入っていることも大きな特徴である。すなわち、1族、2族元素は価電子がs軌道に入り、それ以外の元素ではs軌道とp軌道に入っている。

9・1・2　金属元素と非金属元素

　元素は**金属元素**と**非金属元素**に分けることができる。また、半金属元素という分類を設けることもある。

　金属元素、非金属元素の分類は**図9・1**の周期表に示した通りである。すなわち、水素を除けば金属元素は周期表の左下に位置し、非金属元素は右上に位置する。

A　金属元素の性質

　金属元素の特徴は主として三つある。
① **展性、延性**が大きい。
　展性は薄く延ばして箔になる性質であり、延性とは針金状に伸びることである（**図9・2**）。金が最も大きく、銀がそれに続く[*1]。

[*1] 1gの金は箔にすると1m²、針金にすると3kmほどになる。

9・1 典型元素の性質 75

族\周期	1	2	3	4	5	6	7	8	9	10	11	12	13	14	15	16	17	18
1	1 H 水素 — 非金属元素																	2 He ヘリウム
2	3 Li リチウム	4 Be ベリリウム					半金属元素						5 B ホウ素	6 C 炭素	7 N 窒素	8 O 酸素	9 F フッ素	10 Ne ネオン
3	11 Na ナトリウム	12 Mg マグネシウム				この線より上部が非金属元素							13 Al アルミニウム	14 Si ケイ素	15 P リン	16 S 硫黄	17 Cl 塩素	18 Ar アルゴン
4	19 K カリウム	20 Ca カルシウム	21 Sc スカンジウム	22 Ti チタン	23 V バナジウム	24 Cr クロム	25 Mn マンガン	26 Fe 鉄	27 Co コバルト	28 Ni ニッケル	29 Cu 銅	30 Zn 亜鉛	31 Ga ガリウム	32 Ge ゲルマニウム	33 As ヒ素	34 Se セレン	35 Br 臭素	36 Kr クリプトン
5	37 Rb ルビジウム	38 Sr ストロンチウム	39 Y イットリウム	40 Zr ジルコニウム	41 Nb ニオブ	42 Mo モリブデン	43 Tc テクネチウム	44 Ru ルテニウム	45 Rh ロジウム	46 Pd パラジウム	47 Ag 銀	48 Cd カドミウム	49 In インジウム	50 Sn スズ	51 Sb アンチモン	52 Te テルル	53 I ヨウ素	54 Xe キセノン
6	55 Cs セシウム	56 Ba バリウム	57～71 ランタノイド*1	72 Hf ハフニウム	73 Ta タンタル	74 W タングステン	75 Re レニウム	76 Os オスミウム	77 Ir イリジウム	78 Pt 白金	79 Au 金	80 Hg 水銀	81 Tl タリウム	82 Pb 鉛	83 Bi ビスマス	84 Po ポロニウム	85 At アスタチン	86 Rn ラドン
7	87 Fr フランシウム	88 Ra ラジウム	89～103 アクチノイド*2	104 Rf ラザホージウム	105 Db ドブニウム	106 Sg シーボーギウム	107 Bh ボーリウム	108 Hs ハッシウム	109 Mt マイトネリウム	110 Ds ダームスタチウム	111 Rg レントゲニウム	112 Cn コペルニシウム	113 Uut ウンウントリウム	114 Fl フレロビウム	115 Uup ウンウンペンチウム	116 Lv リバモリウム	117 Uus ウンウンセプチウム	118 Uuo ウンウンオクチウム

*1 ランタノイド: 57 La ランタン, 58 Ce セリウム, 59 Pr プラセオジム, 60 Nd ネオジム, 61 Pm プロメチウム, 62 Sm サマリウム, 63 Eu ユウロピウム, 64 Gd ガドリニウム, 65 Tb テルビウム, 66 Dy ジスプロシウム, 67 Ho ホルミウム, 68 Er エルビウム, 69 Tm ツリウム, 70 Yb イッテルビウム, 71 Lu ルテチウム

*2 アクチノイド: 89 Ac アクチニウム, 90 Th トリウム, 91 Pa プロトアクチニウム, 92 U ウラン, 93 Np ネプツニウム, 94 Pu プルトニウム, 95 Am アメリシウム, 96 Cm キュリウム, 97 Bk バークリウム, 98 Cf カリホルニウム, 99 Es アインスタイニウム, 100 Fm フェルミウム, 101 Md メンデレビウム, 102 No ノーベリウム, 103 Lr ローレンシウム

図9・1 金属元素、非金属元素の周期表上の位置

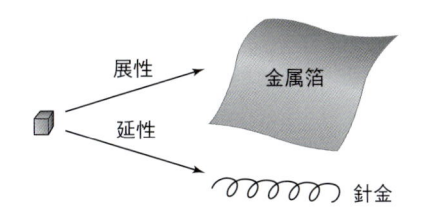

図9・2 金属の展性と延性

表9・1 軽金属の比重

金属	Li	Na	K	Ca	Mg	Be	Al	Ti
比重	0.53	0.97	0.86	1.55	1.74	1.85	2.70	4.50

② **電気伝導性**がある。

電気伝導性は銀が最大であり、銅がそれに続く。3番が金、4番がアルミニウムである。アルミニウムは銅に比べて安価で軽いので、高圧線などに用いられる[*2]。

③ **金属光沢**がある。

多くの金属の色は銀白色であり、銀色の輝きを持つが、金は金色、銅は赤色である。

一般に比重がおおむね5より小さいものを**軽金属**(**表9・1**)、それより大きいものを**重金属**と呼ぶことがある。

*2 高圧電線は、重さと価格の観点から、銅ではなくアルミニウムを用いている。

B 非金属元素・半金属元素の性質

非金属の特徴は各元素固有であり、一概に述べるようなものはない。

しいていえば、電気伝導性が低いということであろう。

半金属は一般に次の6元素をいうことが多い。すなわち、ホウ素B、ケイ素Si、ゲルマニウムGe、ヒ素As、アンチモンSb、テルルTeである。この他にセレンSe、ポロニウムPo、アスタチンAtを加えることもある。半金属には**半導体**の性質を示すものが多い（図9・3）。

電気伝導度（log δ）

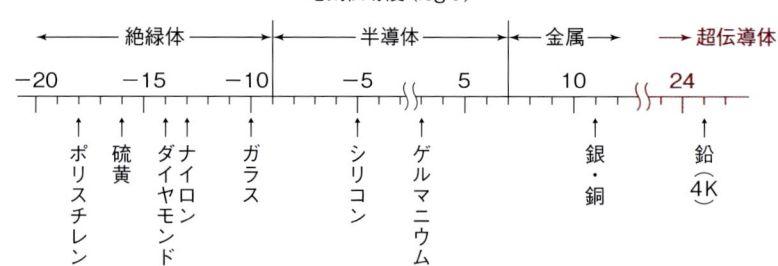

絶縁体 ｜ 半導体 ｜ 金属 ｜ → 超伝導体
−20　−15　−10　−5　　5　　10　　24
↑　↑　↑　↑　↑　↑　↑　↑
ポリスチレン　硫黄　ナイロン・ダイヤモンド　ガラス　シリコン　ゲルマニウム　銀・銅　鉛(4K)

図9・3 さまざまな物質の電気伝導度

9・2　1族、2族元素の性質

1族元素は水素を除いて**アルカリ金属**と呼ばれ、2族元素はベリリウムBeとマグネシウムMgを除いて**アルカリ土類金属**と呼ばれる。

9・2・1　1族元素

1族元素は1価の陽イオンになる。反応性が激しく、空気中の湿気とも反応するので石油中に保管する。**炎色反応**を示すものが多い[*3]。その色を**表9・2**にまとめた。

表9・2　1族元素の炎色反応

元素	Li	Na	K	Rb	Cs
炎色	赤紫	黄	紫	濃赤	淡青

○水素H：水素は最も軽い気体であり、気球などに詰められるが、着火すると爆発するので注意が必要である。水素燃料電池の燃料として用いられるが、運搬、貯蔵に注意が必要なことはいうまでもない[*4]。水素は将来、核融合エネルギーを発電に使う核融合炉の燃料としても期待されるが、実現は先のようである[*5]。

○リチウムLi：リチウムは比重0.53の軽い金属である。リチウム電池の原料として重要である[*6]。

○ナトリウムNa：塩化ナトリウムの構成元素として知られる。比重0.97で水より軽く、融点98℃で、水の沸騰温度で融ける。神経繊維の外側に存在し、神経伝達において重要な働きをする（図9・4）。

[*3]　炎色反応は花火に用いられる。毒物として使われるタリウムTlは、ギリシャ語で「若芽」という意味であり、これはタリウムの炎色反応が若草色であることに由来する。

[*4]　マグネシウム、パラジウムなどの水素吸蔵金属に吸収される。

[*5]　^{3}Hは放射性であり、β線を放出して^{3}Heに変化する（1・3・3項参照）。

[*6]　Li, Na, Kは酸化されやすいので石油中に保管される。ともに軟らかいので、使うときには表面の酸化された部分をナイフで切り取って用いる。Kはこの際発火することがあるので注意が必要である。

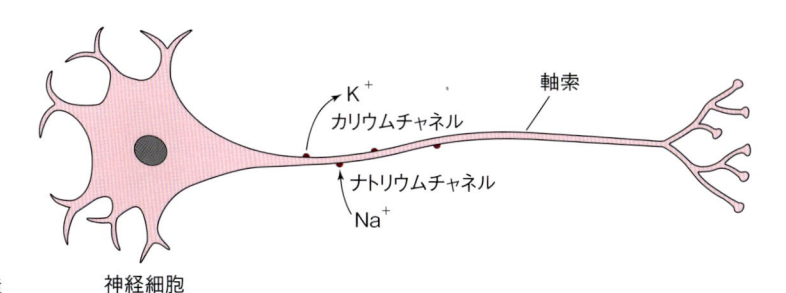

図9・4　神経細胞の構造

○ カリウム K：神経繊維の中に存在し、神経伝達で重要な働きをする（図9・4）。窒素 N、リン P とともに植物の三大栄養素である。植物を燃やすとカリウムなどの金属が酸化物や炭酸塩となって、灰として残る。そのため、灰を溶かした灰汁は塩基性なのである[*7]。

9・2・2　2族元素

2価の陽イオンになる[*8]。2族元素を M とすると、水素と反応して水素化物 MH_2、酸素と反応して酸化物 MO となる。炎色反応を示すものが多い。その色を表9・3にまとめた。

表9・3　2族元素の炎色反応

元素	Be	Mg	Ca	Sr	Ba	Ra
炎色	無色		橙赤	深赤	黄緑	紅

○ マグネシウム Mg：比重1.74で、実用的な金属の中では最も軽い。アルミニウム Al や亜鉛 Zn を混ぜたマグネシウム合金は軽くて強いので、航空機やノートパソコンなどに用いられる。粉末のマグネシウムは爆発的に燃焼する。また、高温のマグネシウムは水と反応して水素を発生して爆発する。したがって、マグネシウム火災に消防水は厳禁である[*9]。

○ カルシウム Ca：動物の骨格を作る元素として重要である。酸化カルシウム（生石灰）CaO は、水と反応して水酸化カルシウム（消石灰）$Ca(OH)_2$ となるが、この際発熱するので注意が必要である。

○ バリウム Ba：有毒な金属である。X 線撮影の造影剤に用いられるのは硫酸バリウム $BaSO_4$ であり、不溶性なので毒性はない。

9・3　12族、13族元素の性質

12族元素は**亜鉛族**と呼ばれ、13族元素は**ホウ素族**と呼ばれる。

[*7] カリウムに0.012％含まれる ^{40}K は放射性であり、β線を放出して ^{40}Ca に変化する。70 kg のヒトでは1秒間に4400個の ^{40}K が崩壊してβ線を放出している。

[*8] ベリリウム Be は有毒であり、ベリリウム肺と呼ばれる重篤な障害の原因になる。

[*9] 一般に、金属の火事は金属が燃え尽きるのを待つことが多い。重要なのはその間延焼させないことである。そのため、化学実験には乾いた砂を用意しておくことがある。火が出たら砂をかけて放置しておくのである。

9・3・1　12族元素

2族元素と同様に2価の陽イオンになる。

○ 亜鉛 Zn：亜鉛はヒトの微量必須元素であり、不足すると味盲症になる。多くの酵素、補酵素に含まれる。銅との合金は真鍮と呼ばれる金色の美しい金属である。鉄板に亜鉛メッキしたものはトタンと呼ばれる。

○ カドミウム Cd：原子炉の中性子吸収材として重要である。イタイイタイ病の原因となった[*10]。

○ 水銀 Hg：室温で液体のただ一つの金属である。金をはじめ各種の金属を溶かしてアマルガム（水銀合金）とする。毒性が強い。水俣病の原因物質である[*11]。

9・3・2　13族元素

3価の陽イオンになるが、共有結合をするものもある。炎色反応を示すものもある。その色を表9・4に示した。

表9・4　13族元素の炎色反応

元素	B	Al	Ga	In	Tl
炎色	黄緑	−	青	藍	青緑

○ ホウ素 B：比重 2.3 の軽い、黒色の固体であるが、硬度は 9.5 と、単体としてはダイヤモンドに次いで硬い。融点も 2092℃と高い。ケイ素に少量混ぜたものは、p型半導体として太陽電池などに使われる。酸化ホウ素 B_2O_3 を混ぜたガラスは耐熱ガラスとして用いられる[*12]。

○ アルミニウム Al：比重 2.7 の軽い金属である。地殻中では酸素、ケイ素に次いで3番目に多い。表面が酸化されると硬い緻密な膜、不動態を作って内部を保護する。ジュラルミンなど、軽くて強い合金を作る[*13]。

○ タリウム Tl：有毒な金属であり、菌の培養液の消毒などに使われる。かつては脱毛剤などに使われた。

9・4　14族、15族元素の性質

14族元素は**炭素族**、15族元素は**窒素族**と呼ばれる。

9・4・1　14族元素

イオンを作らず、共有結合をする。非金属、半金属、金属元素が混在する。

[*10]　亜鉛鉱に含まれる Cd は、20世紀前半までは大して有用性のない金属であった。そこで亜鉛鉱山では Cd を不要のものとして川に流した。これが原因となったのがイタイイタイ病である。

[*11]　化学反応の触媒として使った無機水銀を廃棄物として海に捨てた。これがプランクトン等によって有機水銀であるメチル水銀に変化し、さらに生物による食物連鎖を経て濃縮されたのが水俣病の原因である。

[*12]　化学実験器具の多くは耐熱ガラス（商品名パイレックス等）である。

[*13]　アルミニウムが金属として初めて単離されたのは 1825 年のことである。当初は貴重だったため貴金属として扱われた。

ダイヤモンド　　　　グラファイト（黒鉛）

カーボンナノチューブ　　　C₆₀ フラーレン

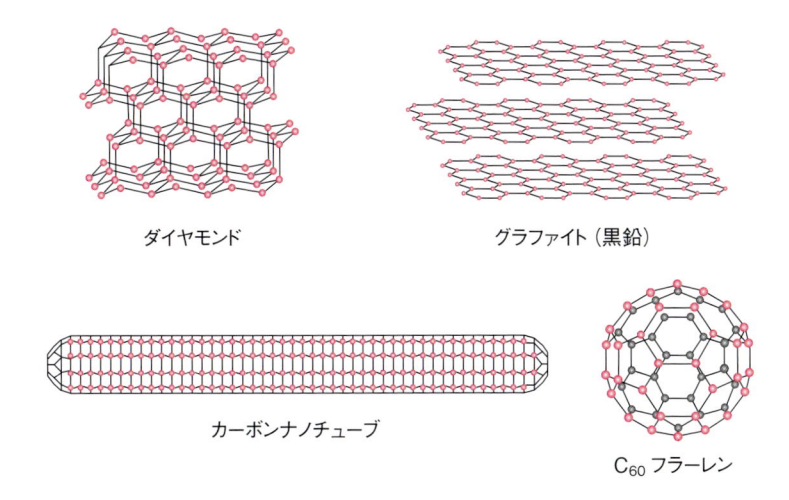

図9・5 炭素の同素体

○ 炭素 C：有機物を作る中心元素であり、生命体を支える元素である。高分子の主要元素でもあり、現代文明を支える元素である。単体[*14]にはダイヤモンド、グラファイト、フラーレン、カーボンナノチューブ[*15]など多くの種類がある（**図9・5**）。
○ ケイ素 Si：青みがかった暗灰色の固体である。地殻を構成する主要元素である。各種半導体の主要原料として重要である。
○ ゲルマニウム Ge：灰色の固体で、半導体である。
○ スズ Sn：融点232℃の灰色の金属である。鉄板にメッキしたものはブリキと呼ばれ、銅との合金は青銅（ブロンズ）と呼ばれ、銅像の原料となる。液晶表示装置などに使われる透明電極（ITO）は、酸化スズ SnO_2 や酸化インジウム In_2O_3 をガラスに蒸着したものである[*16]。
○ 鉛 Pb：比重11.4、融点328℃の、軟らかく、青灰色の金属である。毒性が強い。かつてはハンダ（半田）[*17]、散弾銃の弾丸などに使われた。

9・4・2　15族元素

非金属と半金属と金属元素の混じった族である。非金属元素は共有結合をするが、半金属元素は金属結合をする。
○ 窒素 N（**図9・6**）：体積で空気の4/5を占める気体である。不活性なので食品の包装に充填されることもある。植物の三大栄養素の一つである。ハーバー–ボッシュ法により、水素との直接反応によってアンモニア NH_3 となる。アンモニアを酸化した硝酸 HNO_3 は、化学肥料[*18, 19]、爆薬の主要原料として重要である。

　化石燃料の燃焼に伴って発生する窒素酸化物は、酸性雨、光化学

[*14] 同一元素だけでできた分子、H_2、O_2、ダイヤモンド、C_{60} フラーレンなどを単体という。O_2、O_3 のように、同じ元素でできた単体を互いに同素体という。ダイヤモンドと C_{60} フラーレンも同素体である。

[*15] カーボンナノチューブは、グラファイトの一層が丸まって円筒状になったものと見ることができる。カーボンナノチューブには、直径の異なるものが入れ子式に重なった多層構造のものもある。

[*16] 7％ほどの鉛やアンチモン Sb を含むスズはピュータと呼ばれ、細かい細工ができるのでメタルフィギュアや食器に用いられる。

[*17] 現在のハンダの多くは鉛の代りにビスマス Bi を用いている。

[*18] 肥料として用いられる硝酸カリウム KNO_3 は硝石ともいい、黒色火薬の原料でもある。

[*19] 現在地球上に70億以上の人類が生存できるのは化学肥料のおかげである。

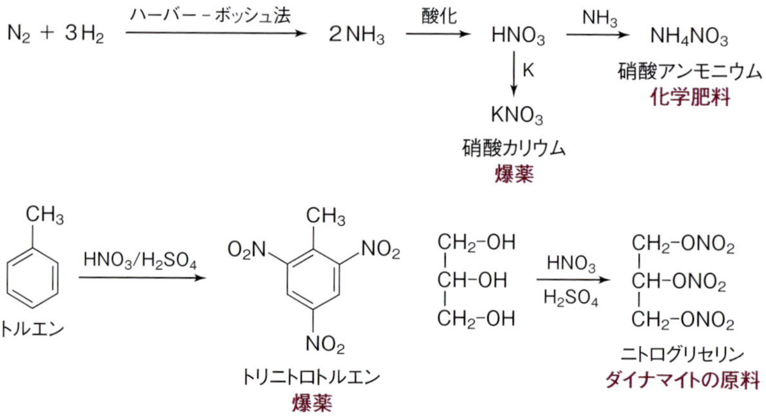

図 9・6 窒素化合物の合成反応

スモッグなどの原因物質とされる。窒素は多くの酸化数を取ることができ、それに伴って多くの種類の酸化物を生じるので、まとめて NOx（ノックス）として表すことが多い[20]。

○ リン P（図 9・7）：白リン、黒リン、紫リンなどの同素体がある[21]。白リンは毒性が強い。核酸、細胞膜、また生体のエネルギー貯蔵物質である ATP などの構成元素として重要である。植物の三大栄養素の一つでもある。各種殺虫剤やサリンなど化学兵器の原料としても知られている。

[20] 光化学スモッグは、NOx が紫外線によって変化して生成したオキシダントが主な原因といわれている。

[21] かつて猛毒といわれた黄リンは、白リンの表面が微量の赤リンで覆われたものであることがわかった。

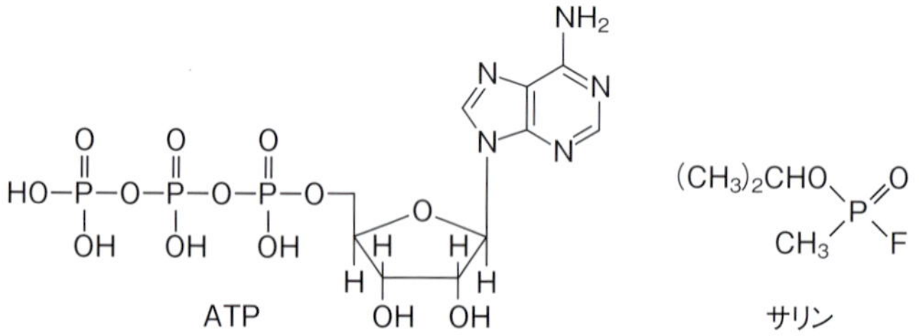

図 9・7 リン化合物（ATP とサリン）

○ ヒ素 As：単体としても、酸化物 As_2O_3（三酸化二ヒ素、亜ヒ酸）としても強い毒性を持っている[22]。ヒ化ガリウム（ガリウムヒ素）は発光ダイオードとしてよく知られている。

[22] ヒ素は歴史的に多くの暗殺事件に使われたため、暗殺の毒として知られる。日本では、1955 年の森永ヒ素ミルク事件や、1998 年の和歌山ヒ素カレー事件が有名である。
また、ヒ素が関係した公害として宮崎県で起きた土呂久ヒ素公害がある。

9・5　16 族、17 族、18 族元素の性質

16 族元素は**酸素族**と呼ばれる。また、酸素を除いた他の元素はカルコゲン元素と呼ばれることもある。17 族元素は**ハロゲン**、18 族元素は**希ガス**と呼ばれる。

9・5・1　16族元素

　周期表で上部の酸素、硫黄、セレンは共有結合をするが、下部のテルル、ポロニウムは金属結合をする。

○ 酸素 O [*23]：気体で空気の1/5を占める。反応性が高く、多くの元素と酸化物を作る。そのため、重量で地殻のほぼ半分を占めている。オゾン O_3 は成層圏でオゾン層を形成し、宇宙線が地球に達するのを防ぐバリアーの役をしている。近年、南極上空にオゾン層の穴、オゾンホールができ、そこから宇宙線が侵入するので問題になっている。

○ 硫黄 S：硫黄は30種以上もの同素体を持っている。硫黄は窒素と同様に多くの酸化数をとることができ、それに応じて多くの種類の酸化物を作るので一般に SOx（ソックス）と表す[*24]。

　硫化水素 H_2S は猛毒であり、腐卵臭がする。しかし致命的な濃度になると嗅覚がマヒして匂いを感じなくなるという。火山ガスに含まれるため、温泉地帯にはゆで卵のような匂いがすることがある。

9・5・2　17族元素

　全てが非金属元素である（At は半金属元素とされることがある）。

○ フッ素 F（図9・8）：淡緑色の気体であり、猛毒である[*25]。反応性が高く、ほとんど全ての元素と化合物を作る。オゾンホールの原因といわれるフロンや、フライパンの表面加工などに利用されるテフロンの原料である。

　最近、リン肥料の原料としてリン鉱石が用いられるが、フッ素はリン鉱石の構成成分である。フロンが用いられなくなった現在、不要のフッ素をどのように利用するかが問題となっている。

$$-(CF_2-CF_2)_n- \qquad CFCl_3,\ CF_2Cl_2,\ CF_3Cl,\ C_2F_3Cl_3$$
　　　テフロン　　　　　　　　　　フロンの例

図9・8 フッ素化合物（テフロンとフロン）

○ 塩素 Cl（図9・9）：淡緑色の猛毒の気体である[*26]。第一次世界大戦では毒ガス兵器として用いられた。塩化ナトリウムの電気分解によって得られる。動物体内では神経細胞軸索の外側にあり、軸索のナトリウムチャネルを通じて出入りし、神経の情報伝達を行っている。

　塩化ビニルの原料である。塩化物を低温で燃焼すると有害物質のダイオキシンが発生するものとされる。かつて DDT、BHC などの有機塩化物が殺虫剤として大量に使用された。これらの有害物質は現在も環境中に残留するとされる。有機塩化物を銅線を用いて炎色

[*23] 活性酸素は有害とされるが、一般に次のものの総称を活性酸素という。
スーパーオキシドアニオンラジカル　$O_2\cdot$
ヒドロキシルラジカル　$HO\cdot$
ヒドロパーオキシルラジカル　$HO_2\cdot$
過酸化水素　H_2O_2
一重項酸素　$^1O_2$
この他にオゾン O_3、一酸化窒素 NO、二酸化窒素 NO_2 を含むこともある。

[*24] SOx は四大公害病の一つである四日市ぜんそくの原因となった。現在では、脱硫装置の普及によって硫黄分が除かれるため、日本における SOx の害は軽減された。

[*25] フッ素化合物の中には血液や肝臓に蓄積されるものがあり、健康に対する影響が指摘されている。

[*26] 塩素系（酸化系）漂白剤と酸（トイレ洗剤）などを混合すると塩素ガスが発生するので大変に危険である。

図 9・9　有機塩素化合物（DDT，BHC とダイオキシン）

反応を行うと緑色に呈色する（バイルシュタイン反応）。

○ 臭素 Br：水銀と並んで室温で液体の元素である。濃赤色で独特の刺激臭があり，猛毒である[*27]。

○ ヨウ素 I：赤紫色の結晶である。昇華性が大きい。導電性高分子（ポリアセチレン）のドーパント（添加物）として知られる[*28]。ヒトの甲状腺ホルモンの構成元素である（図 9・10）。

図 9・10　ヨウ素化合物（甲状腺ホルモン チロキシン）

原子炉事故では放射性のヨウ素 ^{131}I が発生するので，これが甲状腺に取り込まれる前に，普通の（安定同位体の）ヨウ素 ^{127}I で飽和させるために，ヨウ素溶液を飲むことが推奨されている[*29]。

[*27] 最近，体内に残留するフッ素，臭素の害が問題視されている。

[*28] 絶縁体のポリアセチレンに微量のヨウ素を加える（ドーピング）と，ポリアセチレンは金属なみの電気伝導性を獲得する。この発見が，2000 年の白川英樹博士のノーベル賞につながった（第 13 章のコラム参照）。

[*29] ^{131}I は β 線を放出するので，放射性障害の一種として甲状腺がんを引き起こす可能性があるため，このような措置がとられる。

COLUMN

周期表

　周期表はいろいろの情報が詰まった玉手箱のようなものであるが，その種類はたくさんある。

　本書に紹介したものは 1 族から 18 族までであるもので，一般に長周期表といわれるものである。40 年ほど前までは，0 族から 8 族までの短周期表が使われていた。オジイサンはこの周期表で講義を受けたのである。

　文房具店に行けば，円筒形の周期表も売っている。ここで紹介したのは渦巻状の周期表である。原子番号の連続性，族ごとに現れる性質の周期性をうまく合体させた芸術品の趣があるのではなかろうか。

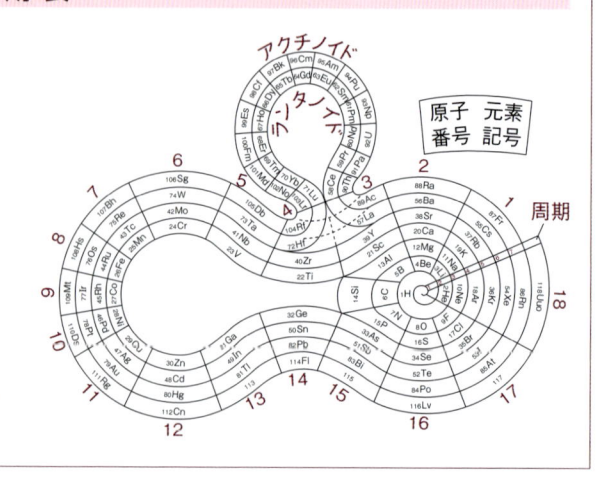

9・5・3　18 族元素

全てが非金属であり、気体である[*30]。

○ ヘリウム He：水素に次いで軽い気体であり、燃焼、爆発の危険がないので人の乗る気球に利用される。沸点が －267 ℃と低いので冷媒として重要である。特に超伝導には欠かせない。地球内部で進行する原子核崩壊の α 線として放出されるので（1・3・2 項参照）、天然ガスのように、地中に存在する。生産国が限られているため生産が需要に追い付かないこともある。

○ ネオン Ne：ネオンサインに詰める気体としてよく知られている。

○ アルゴン Ar：体積で空気の約 1 ％を占め、3 番目に多い気体である。ちなみに 4 番目に多いのは二酸化炭素 CO_2 である。反応性が低いため、化学反応容器に充填する不活性気体として用いられる。白熱電灯にも充填されている。

[*30] 18 族元素は反応性が低いことで知られているが、キセノンは酸素、フッ素と反応して、XeF_4, XeF_6, XeO_3 等各種の分子を作る。これは、キセノンの直径が大きいため、最外殻電子が原子核の束縛を逃れ、比較的自由に行動できるせいである。

■ 復習問題 ■

1. 典型元素とは周期表で何族の元素か。
2. 典型元素の電子配置上の特質について説明せよ。
3. 金属元素の特徴について述べよ。
4. 軽金属とは何か。その種類を 5 個あげよ。
5. ナトリウムとカリウムが神経繊維で果たす役割を説明せよ。
6. SOx、NOx とはそれぞれ何か。
7. 青銅、真鍮、ブリキ、トタンとはそれぞれ何か。
8. 有機塩素化合物の種類を 5 個あげよ。
9. 気体のヘリウムが地中から得られるのはなぜか。
10. 原子炉事故に備えてヨウ素を備蓄するのはなぜか。

● 国家試験類題 ●

1. 空気中に占める体積比の大きさの順を正しく表示しているのはどれか。

    A　$CO_2 > He > Ar$　　B　$Ar > He > CO_2$　　C　$Ar > CO_2 > He$

2. 次の化合物のうち、銅線を用いた炎色反応で緑色を示すのはどれか。

第10章 遷移元素各論

　周期表で3族から11族までの元素を遷移元素という。そのうち3族上部、すなわち、スカンジウムSc、イットリウムY、それと周期表の下部にまとめられたランタノイド元素全15種、合わせて17種の元素を希土類（レアアース）として区別する。また、原子番号が92のウランより大きいものを超ウラン元素とすることもある。遷移元素は、典型元素と異なって、族ごとに一定の性質を持つことがない。遷移元素という名前は、両端の典型元素の中間にあって、徐々に性質を変化させる元素、という意味で名付けられた。遷移元素は生体において微量元素として重要な機能を果たしている。

10・1　遷移元素の電子構造

　典型元素では、原子番号の増加に伴って新たに加わった電子は、最外殻のs軌道もしくはp軌道に入った。

10・1・1　遷移元素の電子配置

　ところが遷移元素においては、新たに加わった電子は、最外殻には入らない。内殻の空いている軌道、すなわちd軌道に入る。したがって、最外殻の電子配置は原子番号が増えても変化しないことになる。

　これは、軌道エネルギーが原子番号に応じて変化することが原因である。図10・1はその様子を表したものである。

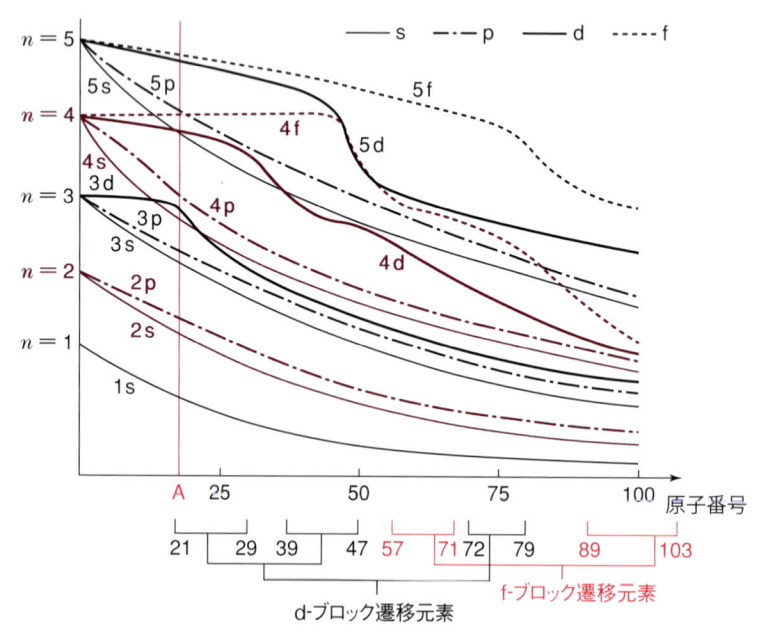

図10・1　軌道エネルギーの原子番号による変化

原子番号の若い元素では、軌道エネルギーは

$$1s < 2s < 2p < 3s < 3p < 3d < 4s < 4p < 4d < 4f \cdots$$

の順に整然と並んでいる。ところが原子番号21（3族のスカンジウム）になると、上の順に入れ替わりが起きている。すなわち、4s軌道が3d軌道より低エネルギーになっているのである。

したがって、電子配置の約束によって、電子はまず低エネルギーの4s軌道に入り、その後"内殻"の3d軌道に入っていくのである。この結果、3d軌道が10個の電子で埋まるまでの間、最外殻は4s軌道に2個の電子が入ったまま"放置される"のである。

なお、遷移元素には、上で見たようにd軌道に電子が入っていくシリーズと、さらに内側のf軌道に電子が入っていくシリーズがある。前者をd-ブロック遷移元素（10・1・2項参照）、後者をf-ブロック遷移元素（10・2・4項参照）ということがある（図10・2）。

図10・2 s-、p-、d-、f-ブロック元素

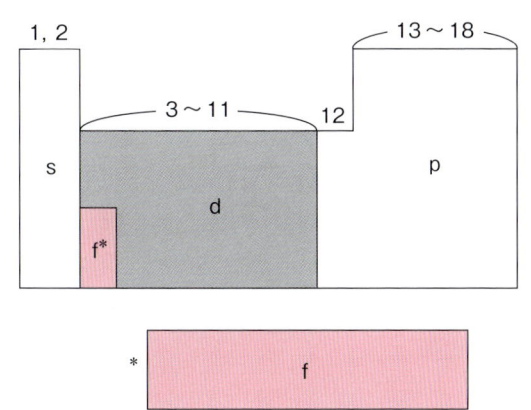

10・1・2 電子配置と物性

先に見たように、原子の性質、反応性は最外殻電子によって決定される（2・2節参照）。したがって、原子番号が変化しても最外殻電子が変化しないということは、原子の性質が大きくは変化しないことを意味する。

これが遷移元素の最大の特徴である。すなわち、遷移元素は互いに似たような性質を持ち、典型元素のように、族ごとに性質が変化することがないのである。

これは服装に喩えるとわかりやすい。すなわち、最外殻はスーツであり、内殻のd軌道はYシャツなのである。最外殻が変化する典型元素は、元素ごとにスーツが異なるのである。それに対して遷移元素は、皆同じスーツであり、異なるのはYシャツである[*1]。注意しないと違いはわ

[*1] 遷移元素の性質はあまり変わらない。

10・2 遷移元素の性質

遷移元素の物性から見た特徴は、全てが金属元素であり[*2]、全てが室温で固体であるということである（以下、図10・3参照）。

10・2・1 鉄族元素

鉄 Fe、コバルト Co、ニッケル Ni は、互いに似た性質を持つので**鉄族元素**としてまとめられることがある。

○ 鉄 Fe：現代社会は鉄で成り立っているといっても過言ではない。建築、機械関係はいうまでもなく、現代社会の神経系ともいうべき情報網も、鉄を主体とした磁性体に頼っている[*3]。

○ コバルト Co：染付といわれる磁器の青い色はコバルトによるものである。^{60}Co は β 崩壊（1・3・3項参照）をして ^{60}Ni になるが、これが出す γ 線をジャガイモに照射すると芽が出なくなり、有害物質ソラニンが発生しなくなる。

○ ニッケル Ni：銅との合金は白銅と呼ばれ、硬貨に用いられる。鉄、クロムとの合金はステンレスと呼ばれる。ニッケル・カドミウム電池の原料である。金属アレルギーを引き起こすことがある。

10・2・2 貴金属元素

ルテニウム Ru、ロジウム Rh、パラジウム Pd、オスミウム Os、イリ

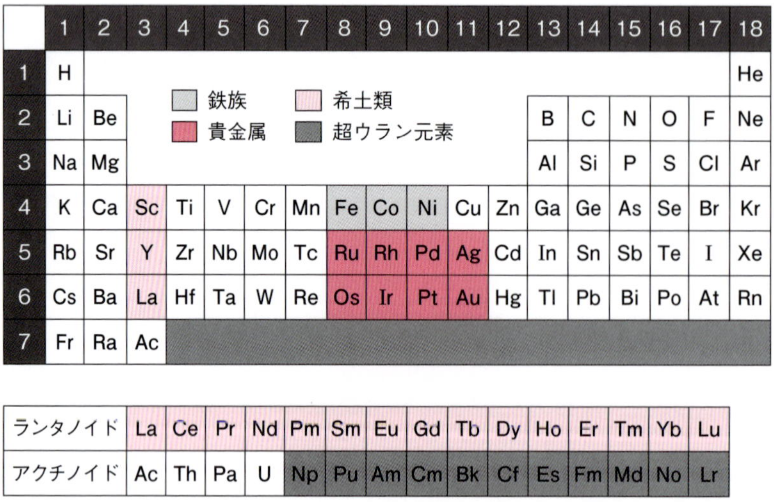

[*2] 金属のうち比重がおおむね 5 以下のものを軽金属、それ以上のものを重金属という。遷移元素は、スカンジウム（比重 2.99）、チタン（4.54）、イットリウム（4.47）を除いて全て重金属である。

[*3] 鉄は多くの合金を作る。ステンレスは鉄-クロム-ニッケルの合金である。また、溶鉱炉でできたばかりの鋳鉄（銑鉄）は、鉄と炭素の合金と見ることもできる。これから炭素を除いたものが鋼鉄である。

図10・3 さまざまな遷移元素の周期表上の位置

ジウム Ir、白金 Pt の 6 元素を**白金族元素**という。これに銀 Ag、金 Au を加えた 8 元素を、化学的な意味での**貴金属元素**という。これらの元素は美しい光沢を持ち、薬品に冒されにくいという性質を持つ。

- 金 Au：黄色の金属である。反応性が低く、酸化、腐食に強いので宝飾品に用いられる。最大の展性、延性を持つ。
- 銀 Ag：金属中、最も白いといわれる。最大の電気伝導性を持つ。強い殺菌作用を持つので殺菌剤に利用される[*4]。
- 白金 Pt：触媒として重要な金属である。水素燃料電池には欠かせない。またディーゼル車の排ガスを浄化する三元触媒の成分でもある。カルボプラチンなどの抗がん剤としても用いられる。
- パラジウム Pd：義歯の原料として用いられる。体積で 1000 倍近くの水素を吸収する水素吸蔵金属である。

10・2・3 その他の d-ブロック遷移元素

- チタン Ti：比重 4.5 の軽くて強い金属である。航空機の機体に用いられる。また、メガネのツル、人工関節などにも用いられる[*5]。光触媒としても知られる。
- クロム Cr：酸化されると不動態となる。鉄、クロム、ニッケルの合金はステンレスと呼ばれる。Cr^{3+} が不足すると糖尿病にかかる恐れがあるとされるが、Cr^{6+} は強い毒性を持つ。
- マンガン Mn：マンガン乾電池の原料である。マンガン団塊として水深 4000〜6000 m の海底に存在することが知られている。これは各種の希少金属（レアメタル）を含む貴重な資源である。
- ウラン U：天然ウランには ^{235}U が 0.7 ％含まれ、他は ^{238}U であるが、原子炉の燃料になるのは ^{235}U である。高速増殖炉では ^{238}U を燃料とするが、日本ではまだ研究段階である[*6]。
- トリウム Th：原子炉の燃料になりうる元素である。埋蔵量の多い中国やインドではトリウム型原子炉の開発研究が行われているという。

10・2・4 希土類元素（レアアース）

3 族元素のうち、スカンジウム Sc、イットリウム Y と 15 種類のランタノイド元素、合計 17 元素を**希土類、レアアース**と呼ぶ。

ランタノイド元素、およびその下の**アクチノイド元素**は、新たに加わった電子が内殻の f 軌道に入るシリーズである。そのため f-ブロック遷移元素と呼ばれることがある。これは先ほどのスーツと Y シャツの喩えでいうと、さらに内側の下着の違いに相当する。

[*4] 銀は硫黄 S と反応すると黒変する。ルネッサンス期に流行した銀食器は、当時横行したヒ素 As（硫ヒ鉄鉱 FeAsS）による暗殺を防ぐ目的があった。

　硫ヒ鉄鉱そのものには毒性は無いが、風化によって生じた猛毒の亜ヒ酸 As_2O_3 が表面に付着している可能性がある。

[*5] チタンは生体との親和性が高いので、人工骨、人工皮膚の原料として有望視される。しかし、レアメタルの一種であり、入手が容易でないのが問題である。

[*6] ウランの可採埋蔵量は 100 年といわれるが、ウランは海水に溶けやすく、海水中には陸上の 1000 倍のウランが存在するといわれる。すでに海水からの回収実験が行われ、成功しているが、問題はコストである。

*7 "ミッシュ"とはドイツ語で"混ぜる"という意味である。

そのため、ランタノイド元素を単離精製するのは困難なことが多く、**ミッシュメタル**[*7]として、混合物のまま利用することもある。レアアースは発光性、磁性など優れた性質を持ち、また、レーザーの発振源になるものもあるなど、現代科学産業に欠かせないものとなっている。

10・2・5 超ウラン元素

原子番号92のウランより大きい元素を**超ウラン元素**という。地球上の自然界には存在しないので、人工的に作る。全ての同位体が放射性という、放射性元素ばかりである。現在118番元素まで合成されているが、113、115、117、118は名前が決まっていない。将来的には130程度までできるという説や、170まで行けるという説などがある。

○ プルトニウム Pu：原子炉の使用済み核燃料に含まれる人工元素である。原子炉の燃料に用いられる他、原子爆弾の爆発剤ともなる。^{238}U とともに高速増殖炉の燃料となる[*8]。

○ ウンウントリウム Uut：正式名は決まっていないし、性質も不明の点が多い。重要なのは日本の理化学研究所が作ったということであり、将来、日本に因んだ名前が付くのではないかと期待されている。

*8 プルトニウムとウランを混合した燃料を MOX 燃料という。これは通常型の原子炉でも用いることができる。

10・3 錯体の構造

金属原子、もしくは金属イオンが、**配位子**と呼ばれる分子に取り囲まれている分子、あるいはイオンを一般に**錯体**という。配位子は有機物であることが多いが、伝統的に錯体は無機化合物として無機化学で扱われることが多い[*9]。

ヘモグロビンに含まれるヘムやクロロフィルは典型的な錯体であり、各種の酵素、補酵素にも錯体が多い。そのため、錯体と生体の関わりを主テーマとした生物無機化学という研究分野もあるほどである。

*9 金属元素と有機分子の結合したものを、一般に有機金属化合物という。錯体は有機金属化合物の中でも特に注目される化合物群である。

10・3・1 配位結合

錯体の構造の解析についてはいくつかの方法論がある。その基本となるのは中心金属と配位子の結合である。それは一般に配位結合といわれるものである。アンモニウムイオン NH_4^+ を例にとって、配位結合を見てみよう。

A アンモニアの結合

アンモニア NH_3 に水素イオン H^+ が結合したイオンを**アンモニウムイ**

オンという。アンモニアの窒素は sp³ 混成軌道であり、1 個の混成軌道には非共有電子対が入る。そのため、窒素は不対電子の入った 3 個の混成軌道で 3 個の水素と共有結合してアンモニアを作る。したがって、アンモニアの形は正四面体ではなく、三角錐形である。

B　アンモニウムイオンの配位結合

H^+ はこの非共有電子対に結合する。この結果、N–H 結合には 2 個の電子が存在し、共有結合と同じ結合が形成される。しかし、根本的な相違点が存在する。

それは、新しくできた N–H 結合を形成する 2 個の電子は、2 個とも窒素が出しているということである。これは、窒素と水素が 1 個ずつの電子を出し合った、他の 3 本の共有結合とは異なっている。このように、結合する片方の原子だけが一方的に 2 個の電子を供給して作った結合を**配位結合**というのである (図 10・4)。

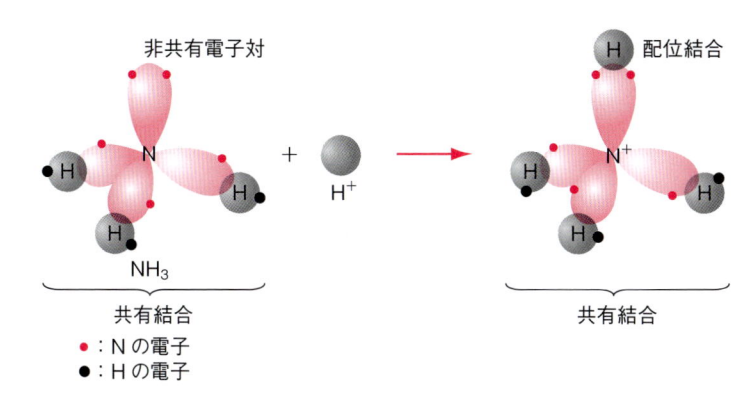

図 10・4　アンモニウムイオンの配位結合

しかし、窒素の電子と水素の電子の間に違いがあるわけではないので、配位結合も、できてしまえば共有結合と同じである。

金属 M と配位子 L の間の結合も配位結合である。すなわち、配位子になる分子は必ず非共有電子対を持っており、一方、金属には必ず電子の入っていない空軌道がある。この非共有電子対と空軌道の間にできる配位結合が錯体の結合なのである (図 10・5)[*10]。

図 10・5　金属と配位子の配位結合 (L は legand (配位子) の略)

*10　錯体のように金属 (イオン) と分子、あるいは分子と分子が結合して作られた高次構造体を一般に超分子という。ヘモグロビン、クロロフィル、あるいは二重らせん構造の DNA などは典型的な超分子である。

10・3・2 結晶場理論

図 10・6 は錯体の典型的な形である。正方形、正四面体、正八面体などである。これらの錯体の性質の多くは、中心金属の電子配置が決定する。この場合に重要になるのが中心金属のd軌道に入ったd電子である。

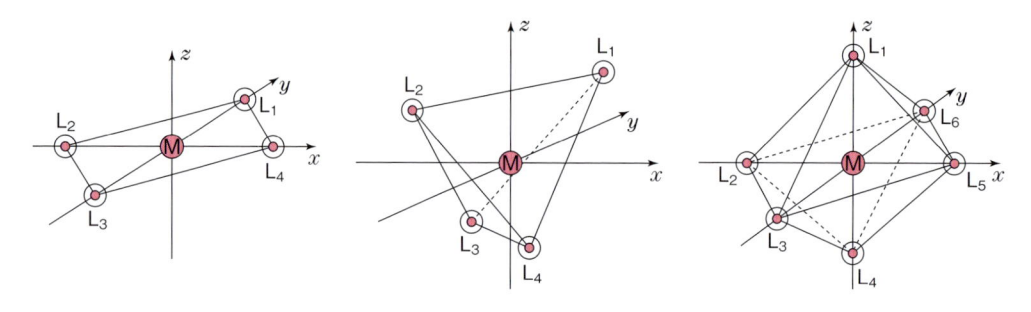

図 10・6 錯体の構造

A d軌道の分類

d電子の性質が、配位子によってどのように影響されるかを説明する理論の一つに、**結晶場理論**というものがある[*11]。それについて見てみよう。

正八面体について考えてみる。この構造の配位子は、中心金属を中心とした直交三軸（x軸、y軸、z軸）の軸上にある。一方、d軌道の形は図 10・7 の通りであり、2個の e_g 軌道と3個の t_{2g} 軌道に分類できる。e_g 軌道は三軸方向に伸びている[*12]。

[*11] 錯体の結合、構造、性質を説明する理論としては、混成軌道理論、結晶場理論、配位子場理論などがある。

[*12] e_g 軌道の電子雲は直交三軸上にあり、t_{2g} 軌道の電子雲は軸を避けて軸の間にあることに注意。

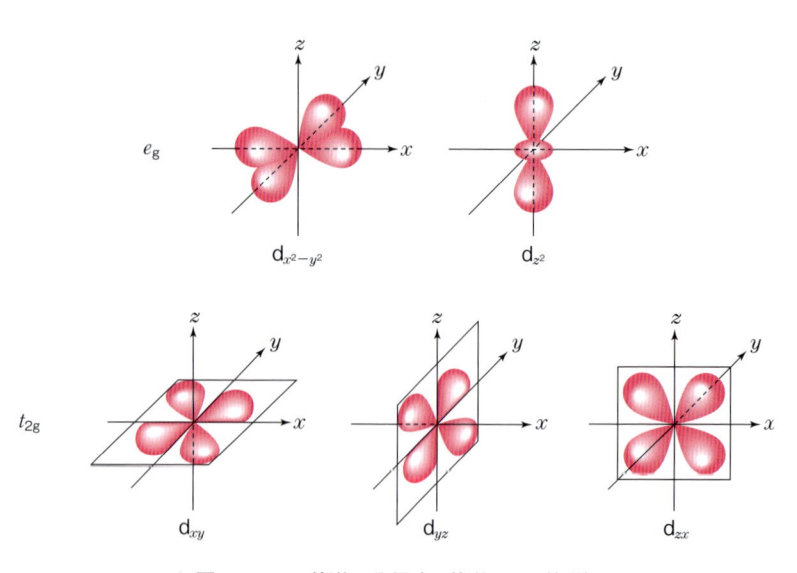

図 10・7 d軌道の分類（e_g 軌道と t_{2g} 軌道）

B　d軌道のエネルギー分裂

この結果、e_g 軌道は配位子と衝突することになり、そのため高エネルギーとなるが、t_{2g} 軌道には基本的に変化がない。この結果、自由状態であった金属においてはエネルギー差のなかった 5 個の d 軌道が、低エネルギーの 3 個と、高エネルギーの 2 個に分裂することになる（図 10・8）。

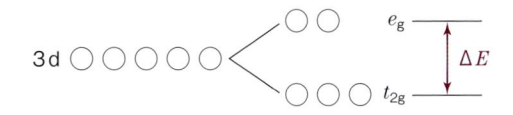

図 10・8　d 軌道のエネルギー分裂

このエネルギー差 ΔE は配位子によって決定される。ΔE の大きさの順に配位子を並べたものを**分光化学系列**という（図 10・9）。

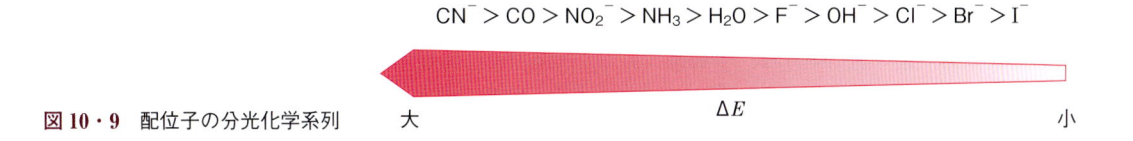

$$CN^- > CO > NO_2^- > NH_3 > H_2O > F^- > OH^- > Cl^- > Br^- > I^-$$

図 10・9　配位子の分光化学系列　大　　　ΔE　　　小

10・4　錯体の性質

結晶場理論の優れた点は、錯体の性質を合理的に説明できる点である。

10・4・1　磁　性

錯体には**磁性**を持つものがある[*13]。磁性は磁気モーメントによるものであり、電荷を帯びた球（電子）が回転すると発生するが、回転方向によって磁気モーメントの方向が反対になる。このため、電子対では磁気モーメントが相殺されるので、正味の磁性を持つためには不対電子の存在が不可欠である。

Co^{3+} は 6 個の d 電子を持っている（図 10・10）。分裂能力の小さい F^- が配位子の $[CoF_6]^{3-}$ では、軌道のエネルギー分裂が小さいので、電

[*13]　最近、金属を含まない有機物でありながら磁性を持つ、有機磁性体が開発されている。これは、ラジカルや三重項カルベンのように不対電子を持つ安定有機分子である。
　抗がん剤に置換基として有機磁性体を結合し、がん細胞近辺に手術で磁石を埋めれば、わかりやすい DDS（薬剤配送システム）となる。

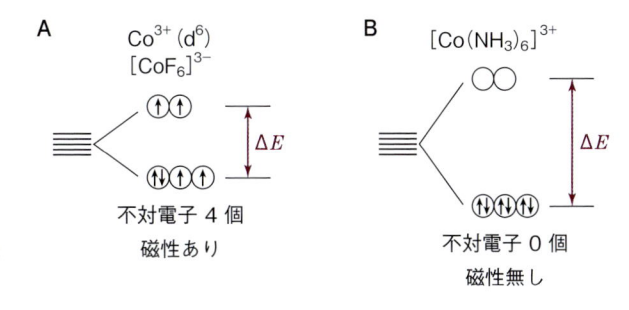

図 10・10　軌道のエネルギー分裂による磁性の変化

A　Co^{3+} (d^6) $[CoF_6]^{3-}$　　不対電子 4 個　磁性あり

B　$[Co(NH_3)_6]^{3+}$　　不対電子 0 個　磁性無し

子配置はAのようになり、4個の不対電子が存在する。それに対して分裂能力の大きいNH₃が配位子となった[Co(NH₃)₆]³⁺では、電子配置はBとなり、不対電子はなくなる。

この結果、[CoF₆]³⁻は大きい磁性を持つが、[Co(NH₃)₆]³⁺は磁性を持たない。

10・4・2 吸収特性

図10・11は[Ni(H₂O)₆]²⁺と[Ni(en)₃]²⁺の紫外可視吸収スペクトルである。前者のスペクトルは後者のスペクトルを長波長側に移動した形となっている。光エネルギーは波長に反比例することを考えれば、これは、前者の吸収する光エネルギーが後者のものより小さくなっていることに相当する。

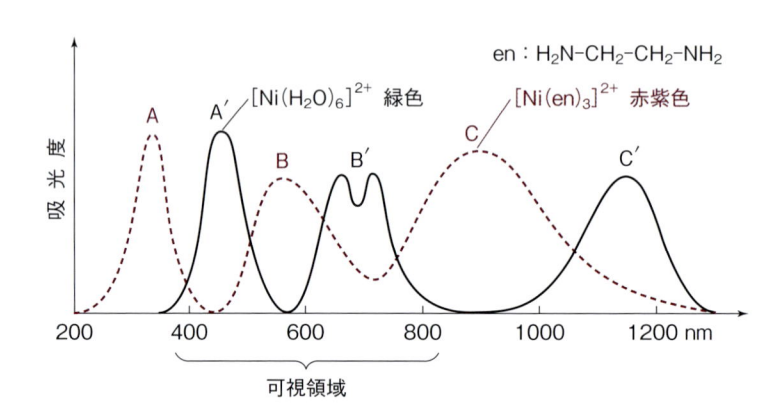

図10・11 [Ni(H₂O)₆]²⁺と[Ni(en)₃]²⁺の紫外可視吸収スペクトル

図10・12は両錯体のd軌道分裂の様子である。前者のエネルギー差ΔEが後者より小さいことがわかる。吸収波長の違いは色彩の違いになって現れるのであり、この結果を反映して前者は緑色、後者は赤紫色となっている[*14]。

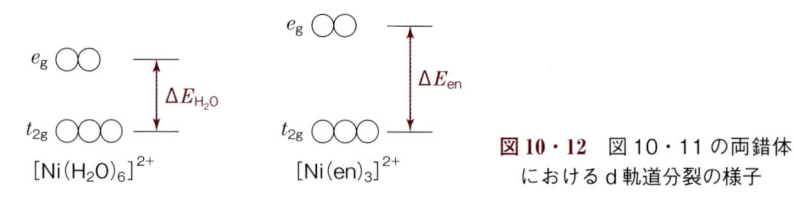

*14 物質の色彩は物質が吸収した光の補色である。補色とは、下図の色相環で、中心を挟んで反対側の色のことをいう。つまり、物質が青緑の光を吸収すれば、その物質は赤く見える。反対に赤い光を吸収すれば青緑に見えるのである。

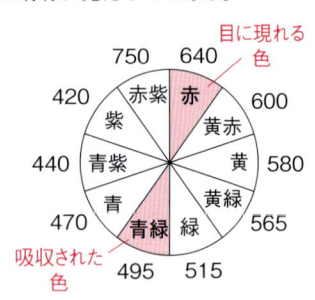

（数字は波長；nm）

図10・12 図10・11の両錯体におけるd軌道分裂の様子

10・4・3 生理活性

ヘムやクロロフィルは、鉄Feやマグネシウム Mgの周りに、ポルフィリンと呼ばれる環状配位子が配位したものである。ポルフィリンには窒素原子が4個あり、これで中心金属に配位する。実際の生体ではこの他にタンパク質や酸素が配位するので、実際には6個の配位子が配位し

た、八面体錯体となっている。

ヘムはタンパク質に組み込まれてヘモグロビンとなって、哺乳類の酸素運搬を担い、クロロフィルは植物の光合成の中心分子となっている。

COLUMN ─ 毒性元素

元素の中には毒性を持つものがある。水俣病の原因の水銀、イタイイタイ病の原因のカドミウムなどはよく知られている。ヒ素は昔から暗殺に用いられたことで有名であり、最近はタリウムが話題をさらっている。鉛にも強い毒性があり、近ごろでは鉛を用いないハンダが用いられている。

これらは典型元素の例であるが、遷移元素にも毒性を持つ物がある。ニッケルが金属アレルギーを引き起こすことはよく知られている。また、クロムも毒性が強いが、これはイオンの価数によって大きく異なる。すなわち、三価のクロム Cr^{3+} は必須元素であるが、六価のクロム Cr^{6+} は有害である。

銅や銀はヒトに対する毒性はないようだが、ともに強い殺菌作用がある。ということは、生物に対してなにがしかの有毒性を持つということでもあろう。

■ 復習問題 ■

1. d-ブロック遷移元素とf-ブロック遷移元素の違いは何か。
2. 遷移元素で新しく加わった電子がd軌道に入るのはなぜか。
3. 遷移元素の性質が互いに似ているのはなぜか。
4. 合金の種類4種とその構成金属名を答えよ
5. 重金属のうち遷移元素に分類されるものは何か。具体名を5種あげよ。
6. 希土類とは何か。その単離と有用性について説明せよ。
7. 配位結合とは何か。
8. 錯体とは何か。
9. 結晶場理論とは何か。
10. 錯体の磁性が現れる機構を説明せよ。

● 国家試験類題 ●

1. 次の配位子の配位数を答えよ。

    水，アンモニア，エチレンジアミン，ポルフィリン

2. 哺乳類において酸素運搬を担っている分子は次のうちどれか。

A B C D

第11章 化学熱力学

化学反応において変化するものは分子構造だけではない。分子構造の変化に伴って、分子の持つエネルギーも変化する。この結果、化学反応にはエネルギーの出入りが伴うことになる。これが熱となって現れたものが発熱や吸熱であり、光となれば、光吸収や発光となる。化学反応は一般に高エネルギー状態から低エネルギー状態に向かって進行するが、それだけではない。状態の乱雑さも大きな影響を持つ。この乱雑さを表す尺度をエントロピーという。生体が機能することができるのも、生化学反応で発生したエネルギーのためである。その意味では、生命とエネルギーは似ているのかも知れない。

11・1 エネルギー、熱、仕事

エネルギーとはギリシャ語で「仕事をするもの」という意味である。エネルギーがわかりにくいのは、エネルギーを実感することが少ないためである。というのは、エネルギーは実際には熱、光、仕事などとして現れるからである。エネルギー、熱、仕事は同じものなのである。

11・1・1 内部エネルギー

分子は多くのエネルギーを持っている（図11・1）。移動に伴う運動エネルギーである並進エネルギーはその一つである。その他にも、結合の伸縮振動、変角振動、回転に伴う運動エネルギーがある。また結合エネルギーもあるし、電子の持つ電子エネルギー、原子核の持つ原子核エネルギーもある。さらに原子核を構成する素粒子の結合エネルギー、等々と、科学が進歩するに連れて、次々と新しいエネルギーが発見される。このように、分子の持つ全エネルギーの総量は、知ることができない。

分子の持つエネルギーのうち、重心の移動に伴う並進エネルギーを除いたものを**内部エネルギー**といって記号 U で表す。内部エネルギーの

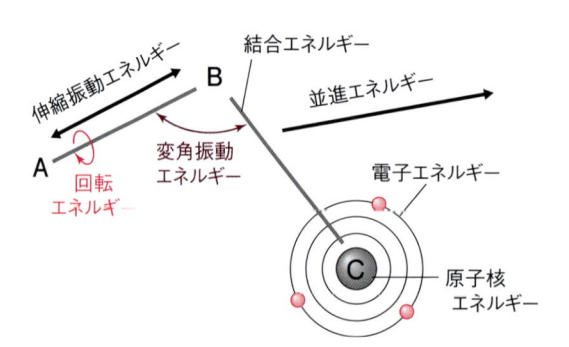

図11・1 分子のさまざまなエネルギー

総量を知ることは不可能であるが、その変化量 ΔU を知ることは可能であり、化学にとってはそれで十分である。

11・1・2　熱、仕事

エネルギーを考える場合、"系*1 に加えられたもの"か、"系から出たもの"かを厳密に表すことが重要となる。熱力学では、系に加えられたものを正 "＋"、系から出たものを負 "－" とする。

A　仕　事

仕事 w は、力 F と移動距離 l によって次のように定義される（**図11・2**）。

$$w = F \cdot l \tag{1・1}$$

一方、圧力 p は単位面積当たりに加わる力であり、面積を s とすると

$$F = p \cdot s \tag{1・2}$$

となる。したがって両式から、圧力 p の下、体積が ΔV だけ変化した場合の**仕事量** w は下式となる。

$$w = p \cdot s \cdot l = p \Delta V \tag{1・3}$$

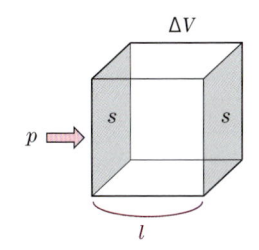

図11・2　仕事 w の定義

B　熱力学第一法則

系に**熱** q が加えられ、その結果、体積 ΔV だけ膨張したとしよう。この場合の系の内部エネルギーの変化量 ΔU は下式で与えられる。

$$\Delta U = q - p \Delta V \tag{1・4}$$

q は系に加わったので "＋" でとる。一方、系は膨張することによって外部に仕事をしたので、w は "－" にとってある。これはエネルギーの総量は一定であることを示すもので、**熱力学第一法則**といわれる*2。

*1　考えている事象、扱っている事象に関係した全てを含む領域を系という。室内環境を考えるなら室内が系であり、地球環境を考えるなら地球が系である。

*2　エネルギー E と質量 m は光速 c を用いて $E = mc^2$（アインシュタインの法則）で互換性がある。そのため、熱力学第一法則は「質量不変の法則」「質量不滅の法則」などといわれることもある。

11・2　化学反応とエネルギー

化学反応に伴って出入りするエネルギーを**反応エネルギー**という。第6章で見た溶解に伴うエネルギー変化はその例である。いくつかの例を見てみよう。

11・2・1　発熱反応と吸熱反応（図11・3）

反応 A→B を考えてみよう。反応 I は出発系のエネルギーが生成系より高い場合である。この場合には反応の進行に伴ってエネルギー差 ΔE が放出される。このような反応を一般に**発熱反応**といい、放出されるエネルギーを反応エネルギーという。燃焼熱はその一例である。

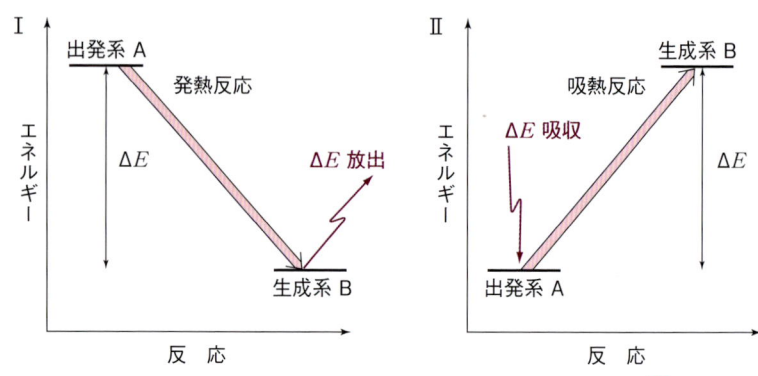

図11・3 発熱反応（Ⅰ）と吸熱反応（Ⅱ）のエネルギー変化*3

*3 化学カイロは鉄の酸化という発熱反応の反応エネルギー、簡易冷却パックは硝酸ナトリウムなどの溶解という吸熱反応の反応エネルギーを用いたものである。

反応Ⅱは出発系のエネルギーが生成系より低い場合である。この場合には、反応を進行させるためには外部からエネルギー差 ΔE を供給しなければならない。このような反応を一般に**吸熱反応**、吸収されるエネルギーを反応エネルギーという。有機化学反応の多くは吸熱反応である。

11・2・2 発光のエネルギー（図11・4）

燃焼は多くの場合**発光**を伴うし、生物で発光するものも多い。発光は反応エネルギーの一種である。

ネオンサインや水銀灯の発光は、電気エネルギーを光エネルギーに変換したもので、その機構は次のようなものである。

すなわち、原子の最高エネルギー軌道に入っている電子が、電気エネルギー ΔE を吸収して、より高エネルギーの軌道に移動（**遷移**）する*4。この状態を**励起状態**という。励起状態は不安定なため、原子は元の**基底状態**に戻ろうとする。このとき余分となったエネルギー ΔE を光（電磁波）として放出するのである。放出された光が、ネオンサインのように赤くなったり、水銀灯のように青白くなったりするのは、光のエネルギー ΔE の大きさによる*5。

*4 電子の軌道間の移動を一般に遷移という。遷移にはエネルギー変化が伴う。

*5 放出されたエネルギーが熱エネルギーとなるか光エネルギーとなるかの選択条件は大変に難しく、現在でも未知の部分がある。

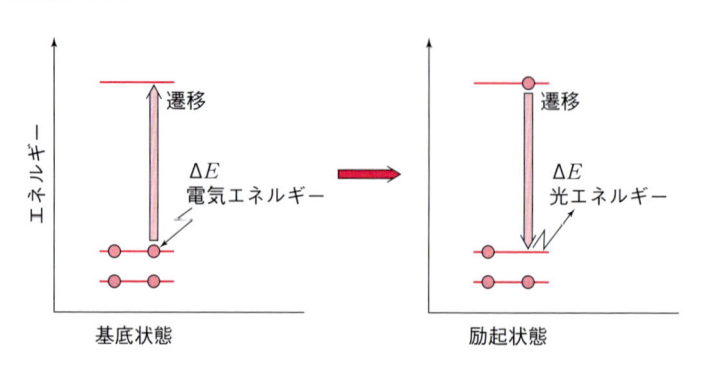

図11・4 発光に伴う電子の動きとエネルギー変化

11・3 エンタルピー

化学では、エネルギーとしてエンタルピーという指標を用いることがある。エンタルピーとは、化学反応に伴う体積変化を織り込んだエネルギーのことである。

11・3・1 定容反応、定圧反応

化学反応は定容反応と定圧反応に分けることができる。**定容反応**は一定体積（$\Delta V = 0$）の下で進行する反応であり、鋼鉄のボンベ内で起こる反応のようなものである（図11・5）。

一方、**定圧反応**は一定圧力 p の下で進行する反応であり、大気圧の下で進行する普通の反応は定圧反応である（図11・6）。定圧反応の特徴は、反応の進行に伴って体積が ΔV だけ変化し、それに伴い仕事 $p\Delta V$ が行われるということである。

図11・5 定容反応

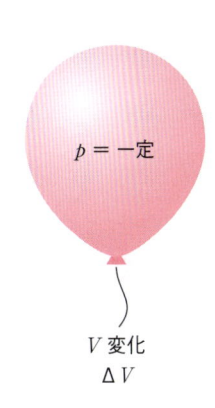

図11・6 定圧反応

11・3・2 エンタルピーの定義

定圧条件下でのエネルギー変化を表す量として、エンタルピー H を下式のように定義する（図11・7）。

$$H = U + pV \qquad (3・1)$$
$$\Delta H = \Delta U + p\Delta V \qquad (3・2)$$

上式に先ほどの式 (1・4) を代入すると次の式となる。

$$\Delta H = (q - p\Delta V) + p\Delta V = q \qquad (3・3)$$

つまり、ΔH は定圧条件下において系に出入りする熱を表すのである。$\Delta H > 0$ の反応は、系にエンタルピー（エネルギー）が入ることになるので吸熱反応であり、$\Delta H < 0$ の反応は、系からエンタルピーが出る反応なので発熱反応である[*6]。

エンタルピーには、結合エネルギーに相当する結合エンタルピーや、反応によってある分子が生成するときの反応エネルギーに相当する生成エンタルピーなど、各種のものが存在する。

[*6] 定圧反応では、「反応」の他に風船を膨らませるという余計な「仕事」が必要となる。この仕事のためのエネルギーを考慮したのがエンタルピーである。

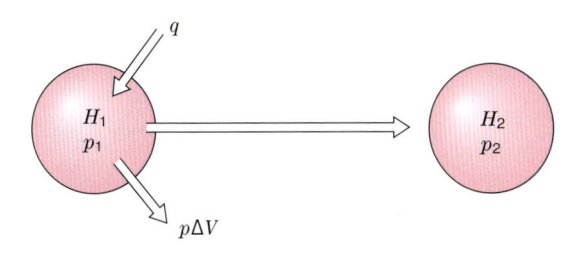

図11・7 エンタルピー

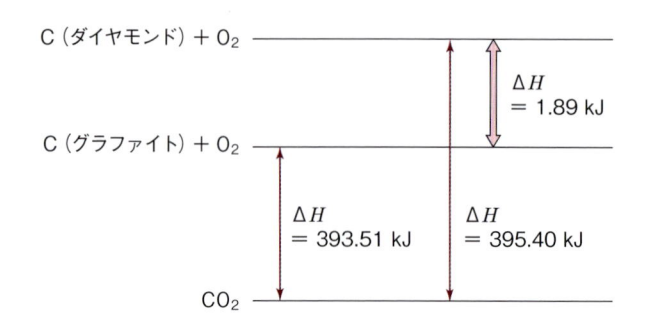

図11・8 ダイヤモンドとグラファイトの燃焼熱を元にしたエンタルピー変化の測定

11・3・3 ヘスの法則

量には、変化の経路に依存しない**状態量**（状態関数）と、経路に依存する**経路量**（経路関数）がある。体積、質量、圧力、温度、エンタルピーなどは状態量であり、仕事や熱は経路量である。

以上のことの当然の帰結として、次の定理が導き出せる。

状態 A と B の間のエンタルピー差 ΔH は反応経路に依存しない。

これを**ヘスの法則**といい、実験が困難な変化に伴うエンタルピー変化を求めるのに使われる[*7]。例えば**図11・8**のようにして、ダイヤモンドの燃焼熱とグラファイトの燃焼熱から、グラファイトからダイヤモンドを作る際の反応熱を求めることができる。

[*7] 反応 A→B が反応経路 1〜3 のどれによって進行しようと、そのエネルギー差（エンタルピー差）は常に ΔH である、というのがヘスの法則である。

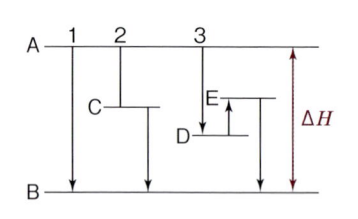

11・4 エントロピー

自然界には整然とした状態と乱雑な状態がある。乱雑さの程度を表す指標として**エントロピー S** を次の式で定義する。

$$\Delta S = q/T \tag{4・1}$$

S が大きいほど乱雑な状態であることを意味する。エントロピーは反応の方向を決定する重要な指標である。

11・4・1 熱力学第二法則

容器を仕切り板で仕切り、片方に気体A、もう片方に気体Bを入れる。仕切り板を取り外した瞬間には、AとBは画然と仕切られているが、時間が経つと両者は渾然と混じってしまう（**図11・9**）。この反対の過程が自発的に起こることは決してない。この変化は次のように表現するこ

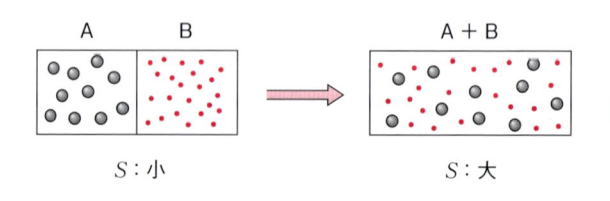

図11・9 孤立系における自発的な変化ではエントロピーは増大する

とができる。

孤立系で自発的に起こる変化は、エントロピーが増大する方向に、不可逆的に進行する。

これを**熱力学第二法則**という。

例えば、氷に指を触れると冷たい。これは指から氷に熱が移動したからである。指と氷のエントロピーは**図11・10**のようであり、熱はエントロピーの小さい状態から大きい状態に移動している。

11・4・2　エントロピー変化

一般にエントロピーは、次の場合に増加する（**図11・11**）。

① 温度上昇：運動の自由度が増えて乱雑さが増す。
② 粒子数増加：粒子が分解しても同様である。
③ 粒子の形状変化：剛直な分子が柔軟になれば、形態の自由度が増す。
④ 状態変化：結晶、液体、気体の順で運動の自由度が増す。
⑤ 体積の増加：位置の自由度が増す。

$S = \dfrac{q}{T}$

$\dfrac{q}{273} > \dfrac{q}{309}$

$\Delta S > 0$

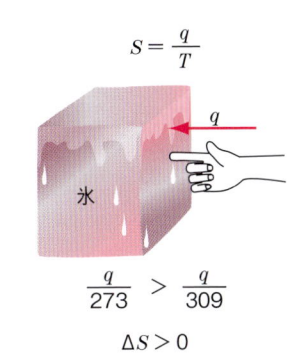

図11・10　指と氷のエントロピー変化

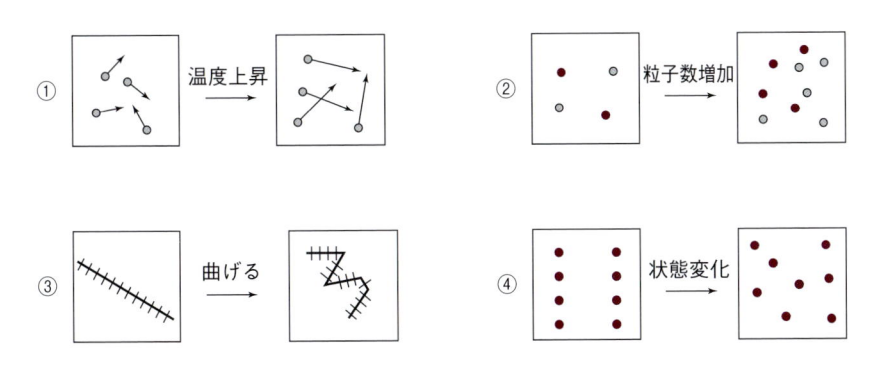

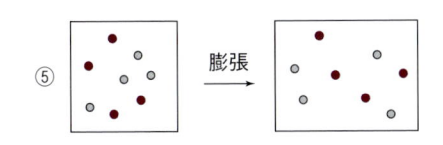

図11・11　エントロピーが増大する反応の例

11・4・3　熱力学第三法則

エネルギーやエンタルピーは変化量しか求められないのに対して、エントロピーはその総量を求めることができる。これが可能なのは次の**熱力学第三法則**のおかげである。

完全結晶性の純物質のエントロピーは0 K で 0 である。

図11・12は完全結晶性純物質のエントロピー総量の温度変化である。融解、蒸発の時点で不連続に変化していることがわかる[*8]。

[*8]　完全結晶は乱雑さ0であり、絶対零度（0 K）では運動がないので、運動に基づく乱雑さも0である。したがってエントロピーは0となる。

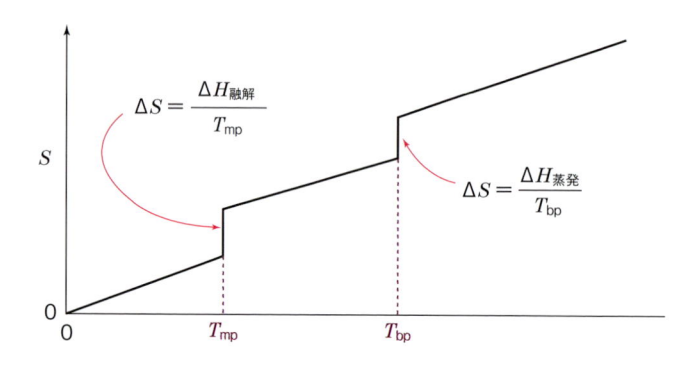

図 11・12 完全結晶性純物質のエントロピー総量の温度変化

11・5 自由エネルギー

反応の方向に影響を与える要素として二つのものがあることがわかった。エネルギー（エンタルピー）とエントロピーである。この二つの関係はどのように考えればよいのであろうか。

11・5・1 ギブズエネルギー

反応は一般にエネルギー（定圧反応ならばエンタルピー）の低い方に進行する。一方、熱力学第二法則によれば、エネルギーに変化がなければ（孤立系）、反応はエントロピーの増大する方向に進行するという。この二つの要素のいうことは、二律背反のようにもみえる（図 11・13）。

そもそも、進行するとエンタルピーもエントロピーもともに減少するという反応は、進行するのだろうか？ 進行しないのだろうか？ それとも反対方向に（逆反応）進行するのだろうか？

この疑問に答え、問題を解決するためには、エンタルピーとエントロピーをまとめて一緒にした指標を考案することである。しかしエンタルピーとエントロピーではあまりに違う概念であり、まとめようがないように見える。

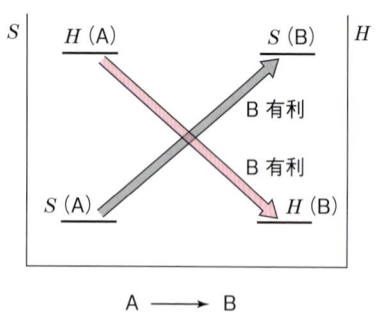

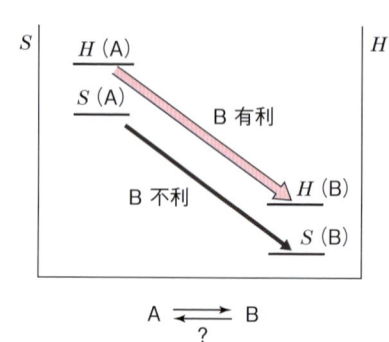

図 11・13 エンタルピーとエントロピーは二律背反？

ところがエントロピーの定義式 (4・1) を見ると、ここには熱 q が入っている。熱とエンタルピーは同じ次元である。ということで、次の式の指標を定義し、これを**ギブズ(の自由)エネルギー**と名付けることにする。

$$G = H - TS \tag{5・1}$$

$$\Delta G = \Delta H - T\Delta S \tag{5・2}$$

全く同じように、定容反応に関しては**ヘルムホルツ(の自由)エネルギー** F (A と表記することもある) を定義する。

$$F = U - TS、\Delta F = \Delta U - T\Delta S \tag{5・3}$$

11・5・2 ギブズエネルギーと反応

ギブズエネルギーを用いると、反応の進行方向は容易に推定できる。すなわち、定圧反応はギブズエネルギーが減少する方向に進行するのである。同様に、定容反応はヘルムホルツエネルギーが減少する方向に進行する。

図 11・14 は、分子 A と B の間の相互変換反応 A⇄B である*9。横軸はモル分率である。図の左側、すなわち、A が多い方では、反応が

*9 ここで見ている平衡の条件は、熱エネルギーの観点から見た条件である。反応速度から見た条件は、「正反応と逆反応の反応速度が等しい状態」である。反応の解析目的によって都合の良い方の条件を用いればよい。

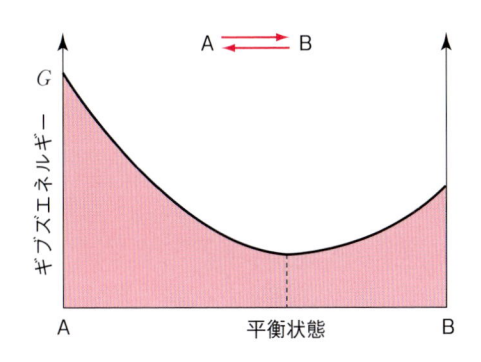

図 11・14 分子間の相互変換反応と平衡状態（自由エネルギー曲線）

COLUMN

生体とエネルギー

生命活動にエネルギーは不可欠である。呼吸するため肺を動かすエネルギーは必要である。生体はエネルギーを ATP を使って出し入れする。

神経細胞の細胞内にはカリウムイオン K$^+$ が多く、外部はナトリウムイオン Na$^+$ が多い。神経細胞の情報伝達は、K$^+$ がカリウムチャネルを通って細胞外に移動し、Na$^+$ がナトリウムチャネルを通って細胞内に入ることによって行われる。そして、情報が通過した後には各イオンが元に戻って平常状態となる。

このイオンの移動は濃度勾配によるものではない。各チャネルにイオンポンプと呼ばれる超分子ポンプが存在し、それがイオンを汲み出し、汲み入れているのである。ポンプを動かすためには当然エネルギーが必要である。3 個の Na$^+$ を汲み出して、2 個の K$^+$ を組み入れるのにちょうど 1 分子分の ATP のエネルギーが必要である。

エネルギーは宇宙の全てに貫徹しているのである。

右に進行すると G が減少する。したがって反応は B を生成するように進行する。ところが図の右側では反対になる。すなわち、反応は左に進行して A を生成した方が有利となる。

しかし、G の曲線には極小が存在する。ということは、この G の極小値を与えるモル分率では、反応は停止することになる。これが熱力学的に見た平衡の状態なのである。

■ 復習問題 ■

1. 次の反応を発熱反応と吸熱反応に分けよ。
    A 反応溶液の温度が上がった。　B 紫外線によって進行した。
    C 発光した。　D 加熱しないと進行しなかった。
2. 圧力と体積変化量の積が仕事になる理由を説明せよ。
3. 定容変化で系に加えられた熱 q と内部エネルギーの関係を述べよ。
4. 定圧変化で系に加えられた熱 q はどのように使われるのか。
5. 定圧変化でエネルギーの代わりにエンタルピーを使うのはなぜか。
6. グラファイトがダイヤモンドに変化する反応は発熱反応か、それとも吸熱反応か。
7. 粒子数が増えるとエントロピーが増大するのはなぜか。
8. 次の現象でエントロピーが増大しているのはどれか。
    A 砂糖が水に溶ける。　B コーヒーの香りが広がる。　C 水が凍る。　D 電気伝導。
9. A→B が不可逆的に進行するとき、AB のモル分率と G の関係を 11・5 節のグラフに倣って示せ。
10. ギブズエネルギーによって反応の進行方向が推定できるのはなぜか。

● 国家試験類題 ●

1. 次の記述の正誤を答えよ。
    A 水が凝固するとき、エントロピーは減少する。
    B 水が気化するときエントロピーは増大する。
    C 自発的な変化は必ずエントロピーの増大する方向に進行する。
2. 次の表は、ギブズエネルギーとエンタルピー、エントロピーの関係をまとめたものである。空欄を埋めよ。

ΔH	ΔS	ΔG	反　応
−（発熱）	＋	（　）	自発的に起こる反応
−（発熱）	−	低温で − 高温で ＋	低温で（　　　　　）、高温では（　　　　　）反応
＋（吸熱）	＋	低温で（　） 高温で（　）	高温で自発的に起こり、低温では起こらない反応
＋（吸熱）	−	（　）	あらゆる温度で自発的に（　　　　　）反応

第12章 反応速度論

　本章では、反応速度論の基礎と、化学反応の進行を速める分子・触媒について学ぶ。反応速度論を学ぶことで、化学反応が分子レベルでどのように進むかについて理解を深めることができる。われわれの体内ではさまざまな化学反応が起きており、生物学や医薬学を学ぶうえでも反応速度論は重要である。体内の化学反応に異常が起きた状態が疾病であり、化学反応を正常に戻すよう働きかける分子が医薬といえる。医薬品は徐々に分解を受け、効果が薄くなっていく。分解速度を理解することは、医薬品が有効な時間を知ることにも役立つ。

12・1　反応エネルギー図

　化学反応は多種多様である。何年もかかるような遅い反応もあれば、瞬時に進行する反応もある。鉄が錆びる反応は遅い化学反応の例である。一方、花火などに含まれる火薬が酸素と反応して爆発する反応は、一瞬で進行する速い化学反応である。

12・1・1　化学熱力学と反応速度論

　反応の進行に従って消費され減少していく物質を**反応物**、生成してくる物質を**生成物**という。化学反応が進行するとは、反応の平衡が生成物側に有利であると同時に、望む時間内に生成物が得られる、ということである。これらの条件は、化学熱力学と反応速度論により規定される。第11章で学んだように、**化学熱力学**はエネルギーと平衡を記述する。化学熱力学により、反応物と生成物のエネルギーはどれくらい異なるか、平衡状態での反応物質と生成物の量比はどうなるか、などが説明される。一方、本章で解説する**反応速度論**は、その字義通り、反応速度を記述する。反応速度論は、反応が平衡に近づく速度、すなわち反応物が生成物にどれくらい速く変換するかを説明する。

化学反応式
反応物 ⟶ 生成物

12・1・2　反応エネルギー図と遷移状態

　反応エネルギー図は、化学反応で起きるエネルギー変化を図示したものである。言い換えると、反応物が生成物に変換される際に起きるエネルギー変化を図示したものである。エネルギー図から、① 反応の進行しやすさ、② 何段階からなる反応か、③ 反応物・生成物・反応中間体のエネルギー関係、といった情報が得られる。

　分子 A–B とアニオン :C⁻ とが一段階で反応して :A⁻ と B–C が生成する、一般的な反応について考えてみよう。反応物より生成物がエネル

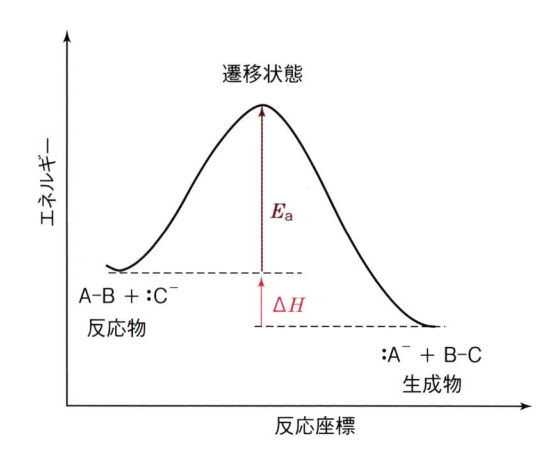

figure 12・1 一段階反応の反応エネルギー図:反応物より生成物がエネルギー的に低い場合

ギー的に低い場合の反応エネルギー図を**図 12・1**に示す。

$$A\text{-}B + :C^- \rightleftarrows :A^- + B\text{-}C$$

反応エネルギー図の横軸は反応の進行度合いを表す「**反応座標**」、縦軸は「**エネルギー**」である。分子 A-B とアニオン :C⁻ とが近づくと、電子雲が反発するためエネルギーが増大していく。だが、充分な力と正しい配向で衝突が起こると、新しい結合が生成し始めるまで A-B と :C⁻ とが近づき続け、極大のエネルギーを持つ構造が生成する。この構造を**遷移状態**と呼ぶ[*1]。

*1 遷移状態
A-B 結合が部分的に切断され、B-C 結合が部分的に生成する。
A-B + :C⁻ ⇄ [A$^{\delta-}$⋯B⋯C$^{\delta-}$]
　　　　　　　（遷移状態）
　　　　　⇄ :A⁻ + B-C

12・2 遷移状態と活性化エネルギー

12・2・1 遷移状態

引き続き、分子 A-B とアニオン :C⁻ とが一段階で反応して :A⁻ と B-C が生成する反応について考える。遷移状態は最もエネルギーの高い構造なので、不安定で単離できない。遷移状態から、A と B の結合が再び生じて反応物 (A-B と :C⁻) に戻ることもあるし、B と C の結合が生じて生成物 (:A⁻ と B-C) が得られることもある。B と C の間に結合が生じるにつれて、エネルギーが下がり生成物が生じる。

12・2・2 活性化エネルギーとエンタルピー変化

遷移状態と反応物 (A-B と :C⁻) とのエネルギー差を**活性化エネルギー** E_a と呼ぶ。活性化エネルギーは反応物の結合を切断するのに必要なエネルギーの最小値であり、反応が進行するためにはこの障壁を超え

なければならない*2。活性化エネルギーが大きいほど、結合を切断するのに必要なエネルギーが増大するため、反応速度は遅くなる。反応物と生成物のエネルギー差は、第11章で学んだように、**エンタルピー変化**(ΔH) である。反応物より生成物がエネルギー的に低い場合、反応の進行に伴いエネルギーを放出する**発熱的な反応**である。反応物より生成物がエネルギー的に高い場合、反応の進行に伴いエネルギーが吸収される**吸熱的な反応**である。

活性化エネルギーとΔHの間には何の相関もないことに注意しよう。活性化エネルギーがエネルギー障壁の高さを決定するのに対し、ΔHは反応物と生成物の相対的なエネルギー差を規定している。例えば、ΔHは同じだが活性化エネルギーが異なる反応もある。活性化エネルギーが大きい反応の方が反応速度は遅くなる。

*2 **活性化エネルギーと温度**
ほとんどの有機反応の活性化エネルギーは 40〜150 kJ/mol である。活性化エネルギーが 80 kJ/mol 以下であれば、反応は室温以下の温度で進行する。活性化エネルギーが 80 kJ/mol 以上の場合、温度を上げる必要がある。有機合成の実験では加熱して反応させることがよくあるが、これは反応速度を上げて望みの時間内で反応を終結させるためである。

12・3 多段階反応と律速段階

12・3・1 多段階反応

前節では一段階の反応を例にとったが、多くの反応は**反応中間体**が生成する**多段階反応**である。下のような、反応物 A–B と :C⁻ が反応して生成物 :A⁻ と B–C を与える反応を考える。反応物も生成物も前節と全く同じだが、反応機構が異なる。A–B 間の結合開裂が生じて :A⁻ と B⁺ が生じた後、B⁺ と :C⁻ が反応することで B–C が生じる二段階反応である。

$$A–B + :C^- \rightleftarrows :A^- + B–C$$

$$\begin{cases} 段階1 & A–B \rightleftarrows :A^- + B^+ \\ 段階2 & B^+ + :C^- \rightleftarrows B–C \end{cases}$$

12・3・2 多段階反応の反応エネルギー図

多段階反応の反応エネルギー図を書くには、段階1と段階2の反応エネルギー図を組み合わせればよい（**図12・2**）。この場合、二段階反応なので二つの遷移状態がある。二つの遷移状態の間に、反応中間体（段階1の生成物）に対応するエネルギーの極小がある。図12・2のように、反応物（A–B と :C⁻）よりも生成物（:A⁻ と B–C）のエネルギーが低い場合、全エネルギー差が負となり反応全体として発熱反応となる。逆に、反応物（A–B と :C⁻）よりも生成物（:A⁻ と B–C）のエネルギーが高い場合、全エネルギー差は正となり反応全体として吸熱反応となる。

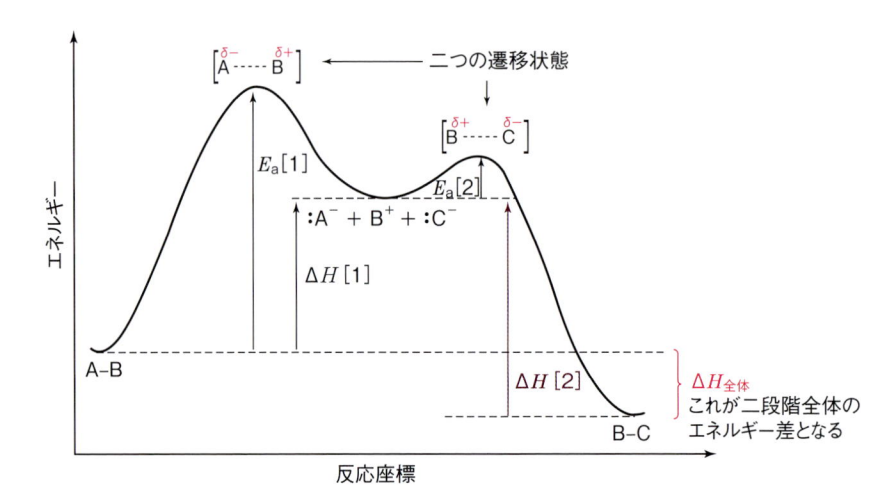

図12・2 反応全体のエネルギー図

12・3・3 律速段階

多段階反応では、最も高いエネルギー障壁を持つ（最も遷移状態のエネルギーが高い）段階を**律速段階**と呼ぶ。律速段階は各反応段階で最も反応速度が遅く、全体の反応速度を規定する。先の反応では、段階1の遷移状態の方が段階2の遷移状態よりもエネルギーが高い。これは、結合開裂反応である段階1の方が結合形成反応である段階2よりも大きなエネルギーを必要とすることを意味する。このため、段階1の方が段階2よりも反応速度が遅く、段階1が律速段階である。

12・4 反応速度式：反応次数と速度定数

12・4・1 反応速度に影響を与える因子

前節で活性化エネルギーが反応速度に影響を与えることを学んだ。活性化エネルギーが大きいほど、反応は遅い。活性化エネルギー以外に反応速度に影響を与える因子はあるだろうか？

反応速度に影響を与える因子には、「濃度」と「温度」がある。濃度が高いほど反応は速くなる。濃度が高くなれば反応する分子の衝突回数が増えるためである。また、温度が高いほど反応は速くなる。温度が上昇すると反応する分子の運動エネルギーが増大する。衝突する分子の運動エネルギーは結合開裂に使われるので、反応温度が上がると反応速度が上昇する。

一方、ギブズ(の自由)エネルギー（11・5・1項参照）変化（ΔG）、エンタルピー変化（ΔH）、平衡定数（K_{eq}）は反応速度に全く影響を与えない。これらの因子は平衡の方向や反応物と生成物の相対的なエネ

ギーを示す。

12・4・2 反応速度の測定法

化学反応の速度は、反応物濃度の減少あるいは生成物濃度の上昇を時間経過とともに測定することで求められる。**反応速度式**とは、反応速度と反応物濃度との関係を示す式であり、「**速度定数 k**」と「反応物の濃度」を含む。

「速度定数 k」は、反応速度に関連する「活性化エネルギー」「温度」「濃度」の三つの因子のうち、活性化エネルギーと温度を考慮した複雑な項であり、反応物の濃度とは無関係な、その反応に固有の値である。大きな k を持つ反応の速度は速く、小さな k を持つ反応の速度は遅い。

反応速度式
反応速度 = 反応物の消失速度
≒ k [反応物]

12・4・3 反応速度式と反応機構

反応速度式は**反応機構**に依存し、全ての反応物の濃度が速度式に含まれるとは限らない。一段階反応と多段階反応での違いを見ていこう。12・1 節で見たような一段階反応では、A–B と :C⁻ という二つの反応物が、一つの遷移状態に関与する。そのため、双方の反応物が反応速度に影響を与え、[A–B]、[:C⁻] ともに速度式に含まれる。

$$A\text{–}B + :C^- \longrightarrow :A^- + B\text{–}C$$
$$反応速度 = k[A\text{–}B][:C^-]$$

一段階反応の例として、以下の反応があげられる。この反応は一段階で進行し、反応速度は二つの反応物 CH_3Br および CH_3COO^- 双方の濃度に比例する。この反応は律速段階に二分子が関与するため、**二分子反応**あるいは **S_N2 反応**と呼ばれる*³。

$$H_3C\text{–}Br + \ ^-O\text{–}CO\text{–}CH_3 \longrightarrow H_3C\text{–}O\text{–}CO\text{–}CH_3 + Br^-$$

$$反応速度 = k[CH_3Br][CH_3COO^-]$$

一方、12・3 節でみた多段階反応では、反応速度を規定するのは律速段階である。そのため、反応速度式には律速段階に影響を与える反応物の濃度のみが含まれる。以下の二段階反応では段階 1 が律速段階であり、反応速度は [A–B] のみに依存する。

*³ **S_N2 反応**
S_N2 反応は、以下の遷移状態を経て起こる一段階反応である。

$$H_3C\text{–}Br + \ ^-O\text{–}CO\text{–}CH_3$$
↓
$$\left[CH_3COO\cdots^{\delta-}\!C(H)(H)(H)\cdots^{\delta-}Br \right]$$
遷移状態
O–C 結合が部分的に形成し、
C–Br 結合が部分的に切断される
↓
$$H_3C\text{–}O\text{–}CO\text{–}CH_3 + Br^-$$

段階1：律速段階　　A-B ⟶ :A⁻ + B⁺
段階2　　　　　　　B⁺ + :C⁻ ⟶ B-C

反応速度 = k[A-B]

*4　S_N2反応とS_N1反応
両反応の「S_N」は、置換 (substitution) と求核的な (nucleophilic) の頭文字からとられており、「**求核置換反応**」を意味する。「1」および「2」は、律速段階の遷移状態に関与する分子の数を表す。反応の段階数を表すのではない。

二段階反応の例として、以下の反応があげられる。一段階反応で示した例の反応物の一つがCH_3Brから$(CH_3)_3CBr$へと変わっただけであるが、反応機構が大きく変わり、反応速度は$(CH_3)_3CBr$の濃度のみに依存する。この反応は律速段階に一分子のみが関与するため、**一分子反応**あるいは**S_N1反応**と呼ばれる*4。

[反応式図]

段階1：律速段階　$(CH_3)_3C-Br \longrightarrow (CH_3)_3C^+ + Br^-$

段階2　$(CH_3)_3C^+ + {}^-OCOCH_3 \longrightarrow (CH_3)_3C-OCOCH_3$

反応速度 = k[$(CH_3)_3CBr$]

反応物の構造のわずかな違いで反応機構に違いが生じる理由については、今後、有機化学で学ぶことになる。

12・4・4　反応次数

反応次数とは、反応速度式の濃度項の指数の和である。一段階反応では二つの反応物の濃度 [A-B] および [:C⁻] が反応速度式に関与するため、濃度項の指数の和は2である。この反応の場合、「反応速度式は二次である」といい、「反応は二次の速度論に従う」という。[A-B] あるいは [:C⁻] のどちらかを2倍にすれば、反応速度は2倍になる。[A-B] および [:C⁻] の両方の濃度を2倍にすれば、反応速度は4倍となる。一方、二段階反応では一つの反応物の濃度 [A-B] のみが関与するため、濃度項の指数の和は1である。この反応の場合、「反応速度式は一次である」といい、「反応は一次の速度論に従う」という。[A-B] を2倍にすれば反応速度は2倍になるが、[:C⁻] を2倍にしても反応速度は変化しない。一見不思議に思うかもしれないが、:C⁻は律速段階（反応の遅い段階）に関与していないため、:C⁻の濃度は反応速度に影響を与えないのである。

12・4・5 反応速度定数と平衡定数

反応速度定数と平衡定数の間には、どのような関係があるだろうか？ A→B、B→A ともに一次反応で、それぞれ反応速度定数 k_1、k_2 を持つ可逆反応を例に考えてみよう。正反応の反応速度定数を k_1、逆反応の反応速度定数を k_2 とする（右式）。

平衡状態での反応物濃度、生成物濃度をそれぞれ $[A]_{eq}$、$[B]_{eq}$ とする。平衡状態では、$[A]_{eq}$、$[B]_{eq}$ ともに一定となる。平衡状態でも絶えず A→B、B→A の反応が進行しているが、正反応の速度と逆反応の速度とが等しくなるため、見かけ上変化がなくなる（右式）。

よって、平衡定数 K は正反応と逆反応の速度定数の比で表されることになり、右の式が成り立つ。

$$A \underset{k_2}{\overset{k_1}{\rightleftarrows}} B$$

$$k_1 [A]_{eq} = k_2 [B]_{eq}$$

$$K = \frac{[B]_{eq}}{[A]_{eq}} = \frac{k_1}{k_2}$$

12・5 触 媒

12・5・1 触媒の性質

触媒は反応を加速する物質であり、反応終了後も変化せず、生成物には含まれない。触媒は、反応終了後、回収・再利用することもできる。

触媒は、活性化エネルギーを下げることで反応を加速する。触媒の有無で反応エネルギー図がどう変化するかを**図 12・3**に示す。触媒は活性化エネルギー以外の因子には影響を与えない。反応物と生成物のエネルギーは触媒の有無で変化しないため、平衡状態での反応物と生成物の量比は変化しない。すなわち、触媒は平衡に達する速度を速めるものの、平衡定数には影響を与えない。

触媒は、反応物に対して少量で充分である。触媒が一連の反応の一段階で使われる場合、必ずどこか別の段階で再生される。有機反応における一般的な触媒は酸と金属である。

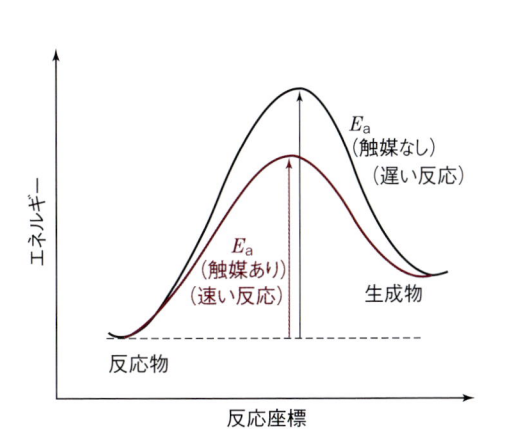

図 12・3 触媒添加時と非添加時の反応エネルギー図

12・5・2 生体内の触媒：酵素

生体内では、多数の化学反応が整然と進行している。この化学反応には、極めて優れた触媒が多数働いている。生体内の触媒は、**酵素**というタンパク質である。酵素はさまざまな方法で化学反応を加速する。反応が完結すれば、酵素は**生成物**を放出し、次の反応を触媒する。タンパク質の働きはよく精密機械に喩えられる。

酵素が作用を発揮するのに最適なpH、温度をそれぞれ**至適pH**、**至適温度**と呼ぶ。酵素はタンパク質であるため、酵素の活性に適したpHや温度が必要となる。そのため、酵素を使用できる場面は限られるが、本章コラムに見るように、酵素は食品や洗剤、製薬など、さまざまな業界で多様な用途に応用されている。また、医薬品の多くは、酵素の阻害剤である。

COLUMN

触媒反応の例

最も有名な触媒は、小学校や中学校で習う酸化マンガン(Ⅳ) [MnO_2] ではないだろうか？ MnO_2 は過酸化水素 H_2O_2 の分解反応を促進し、速やかに水 H_2O と酸素 O_2 へと変換する。MnO_2 がなくても過酸化水素の分解反応は進行するが極めて遅く、数週間かかる。

酵素も触媒の一種であり、味噌、醤油、納豆、酒類（ビール、ワイン、日本酒など）、チーズやパンなどの発酵食品の生産に使われている。以前は、植物や動物の内臓から酵素を分離して使っていたが、現在は菌類や細菌が生産した酵素を用いて工場で作られている。酵素は食品業界以外でも非常によく用いられている。洗剤の主成分だけでは落としづらいタンパク質汚れを分解するために、タンパク質分解酵素を配合した洗剤が市販されている。

牛乳にはラクトース（乳糖）が含まれている。ラクトースを消化・分解するためにはラクターゼという酵素が必要であるが、歴史的に大量の乳製品を摂取してきた民族以外では、たいていの大人はラクターゼの分泌が少ない。日本人もラクターゼの分泌が少ない人が多い。ラクターゼの活性が低い状態でラクトースを含む牛乳を摂取すると、乳糖をうまく分解できず、消化不良や下痢などの症状を起こす（乳糖不耐症と呼ばれる）。そこで、牛乳をラクターゼで処理することでラクトースを分解し、消化吸収しやすくした牛乳が市販されている。

■ 復習問題 ■

1. 化学反応 A + B → C は二次反応である。以下の条件下で反応速度はどう変化するか？
   a) [A] のみを2倍にする、 b) [B] のみを2倍にする、 c) [A]，[B] ともに2倍にする
2. 化学反応 A → B は発熱反応であり、一段階反応である。反応エネルギー図を描け。
3. 二段階反応 A → B → C は吸熱反応であり、B → C の段階が律速段階である。反応エネルギー図を描け。
4. より反応速度が速い条件はどちらか？
   a) 活性化エネルギー 20 kJ/mol と 5 kJ/mol   b) 反応温度 5 ℃ と 25 ℃

5. 化合物 A から化合物 D を生成する反応の反応エネルギー図について、各問に答えよ。

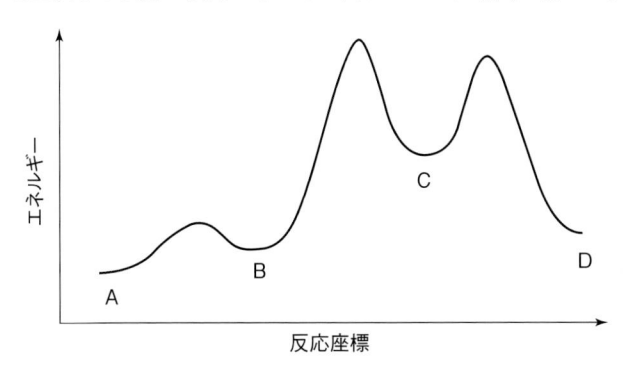

   a) どの段階が最大の活性化エネルギーを持つか？
   b) どの段階が律速段階か？
6. 正反応の速度定数が 1.0×10^{-3}、逆反応の速度定数が 1.0×10^{-5} である反応の平衡定数を求めよ。
7. 過酸化水素水 H_2O_2 に酸化マンガン(Ⅳ) MnO_2 を添加したところ、酸素 O_2 が激しく発生した。酸素の発生前後で、MnO_2 にどのような変化が生じたか？
8. 次の反応における触媒を答えよ。

   a) $H_2C=CH_2 \xrightarrow{H_2 / Pd} H_3C-CH_3$

   b) $H_3C-COOH + CH_3CH_2OH \xrightarrow{H_2SO_4} H_3C-COOCH_2CH_3 + H_2O$

9. 反応速度に影響を与える因子を選べ。
   a) 活性化エネルギー　b) エンタルピー差　c) ギブズ（の自由）エネルギー変化　d) 反応温度
   e) 反応物の濃度　f) 平衡定数　g) 反応速度定数　h) 触媒　i) エントロピー変化
10. 反応速度がより速くなるためには、以下の因子がどうなるとよいか？
    a) 活性化エネルギー　b) 反応物の濃度　c) 反応温度

● **国家試験類題** ●

1. 可逆反応 A ⇌ B がある。正反応、逆反応ともに一次反応に従い、反応速度定数をそれぞれ k_1、k_{-1} とする。この反応が平衡に達したとき、A および B の濃度はそれぞれ、1.0×10^{-3} mol/L、4.0×10^{-4} mol/L で、k_1 は 2.0×10^{-3}/s であった。以下の問に答えよ。

   a) 逆反応の反応速度定数 k_{-1} を求めよ。
   b) 触媒を加えたところ、k_1 は 1.0×10^{-1}/s となった。このときの逆反応の反応速度定数 k_{-1} を求めよ。
2. 異なる反応速度定数を持つ二つの可逆反応がある。正反応、逆反応ともに一次反応に従い、反応速度定数をそれぞれ k_1、k_{-1} とする。

   反応 A　$k_1 = 1.0 \times 10^{-3}$, $k_{-1} = 1.0 \times 10^{-6}$
   反応 B　$k_1 = 1.0 \times 10^{-2}$, $k_{-1} = 1.0 \times 10^{-3}$

   以下の問に答えよ。

   a) どちらの反応が、より大きな平衡定数を持つか？
   b) 反応物の初濃度が等しいとき、平衡状態で生成物の生成割合が多いのは、どちらの反応か？

第13章 有機分子の構造

　有機化合物の分子（有機分子）は、炭素原子の特徴的な原子価によって、多様な構造をとりうる。この特徴が、多様な有機化合物の存在を可能にし、複雑な生体分子を構成したり、医薬品のような有用な化学分子を創製することに役立っている。

　炭素原子は価電子を4つ持つが、状況によって3種類の価電子の状態をとることができ、これによって3種類の結合状態がある。炭素原子がこのような特徴的な原子価の状態をとることを理解するには、炭素原子軌道の混成という考え方をする必要がある。

13・1 混成軌道

13・1・1 軌道の混成

　炭素原子はL殻に4つの電子を持つので価電子の数は4である。原子軌道を考えれば、2s軌道に2つ、$2p_x$軌道と$2p_y$軌道に1つずつの電子を収容しているはずである（2・1節参照）。2s軌道や2p軌道の軌道の形や電子の数を考えると、2s軌道は電子が満員であるので結合に関与できず、2p軌道の電子による結合は2p軌道の形に依存して互いに直角な2方向の結合を作る、と予想されるが、実際にはそのようにはならない。有機化合物に含まれる炭素の結合を調べると、単結合では4つの単結合が正四面体状に等方的に伸びており、二重結合の場合は平面的な3方向に伸びている。また三重結合では直線状に2方向に結合がある。

　炭素原子の原子軌道から予想される結合のあり方と、実際に有機化合物に見られる結合のあり方に大きな違いがあることから、現実の炭素の結合を理解するために、原子軌道を混ぜ合わせて新たな軌道を生成すること、すなわち**軌道の混成**という考え方を取り入れる必要がある[*1]。

13・1・2 混成軌道の種類

　炭素原子の原子価の元となる2s、2p軌道をどのように混成するかによって、**sp^3混成軌道**、**sp^2混成軌道**、**sp混成軌道**の3種類の軌道が生成する。混成する軌道の数と種類によって、生成する混成軌道の形や方向性に特徴が生じる。例えば、等方的な極性を持つs軌道と、方向性のある極性を持つp軌道が混じり合うので、生じる混成軌道は原子核に対して非対称になる（図13・1）。

[*1] 原子軌道と混成軌道
　混成軌道は、原子軌道を混ぜ合わせることで形成する（13・1・1項および13・1・2項参照）が、混ぜ合わせるとはどういうことだろうか。それは、原子の構造をもとに考えた原子軌道から、数学的な手法を用いて、実際の化合物に合致した混成軌道を作り出すということを表している。この数学的な手法には量子力学の考え方が必要となる。

13・1 混成軌道 | 113

図 13・1 s 軌道と p 軌道の混成の模式図
 (2s 軌道 1 つと 2p 軌道 1 つの例)
軌道の極性が同じ部分は強め合い、逆の部分は弱め合うために非対称になる。2s 軌道の極性が反対（内側が＋）のものを考えると、下向きに大きい混成軌道ができる。

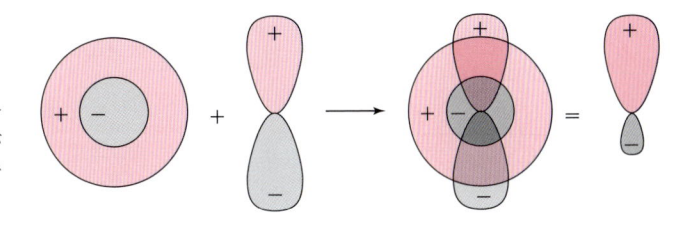

A　sp³ 混成軌道

sp³ 混成では、1 つの 2s 軌道と 3 つの 2p 軌道 ($2p_x, 2p_y, 2p_z$) が混成され、エネルギーの等しい、4 つの軌道が生成する。この場合、その軌道に価電子があるかないかは関係ない。軌道の混成においては、混成前の軌道数と生成する混成軌道数は常に等しいことに注意する。4 つの sp³ 軌道は等価であるので、全ての軌道に 1 つずつ価電子が入り、かつ炭素原子の周りに均等に、すなわち炭素原子を中心にした正四面体の頂点方向に伸びた形となる（**図 13・2**）。したがって、sp³ 混成軌道により共有結合が形成されると、正四面体状に結合が形成されることになる。単結合のみを持つ炭素原子（例：メタン）はこの特徴を持っており、sp³ 混成軌道の状態にあることがわかる。

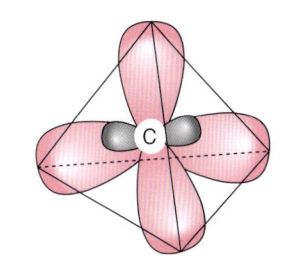

図 13・2　sp³ 混成軌道の形

B　sp² 混成軌道

sp² 混成では、1 つの 2s 軌道と 2 つの 2p 軌道が混成され、エネルギーの等しい、3 つの軌道が生成する。生成した 3 つの sp² 軌道は等価であるので、炭素原子の周りに均等に、すなわち炭素原子を中心にして、平面状に正三角形の頂点方向に伸びた形となる。このとき、炭素原子には 1 つの p 軌道が余っている。余った p 軌道は、sp² 軌道がある平面に対して垂直方向に方向性を持った軌道として残り、π 結合に関与する（13・2・2 項）（**図 13・3**）。二重結合を持つ炭素原子（例：エチレン）は、この特徴を持っており、sp² 混成軌道の状態にある。

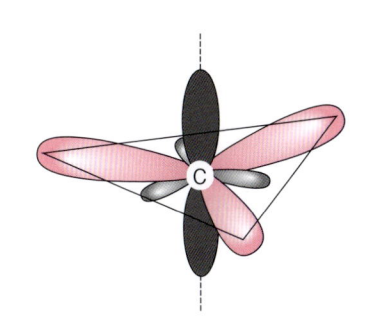

図 13・3　sp² 混成軌道の形
黒で表示されているのは余った p 軌道。

C　sp 混成軌道

sp 混成では、1 つの 2s 軌道と 1 つの 2p 軌道が混成され、エネルギーの等しい、2 つの軌道が生成する。生成した 2 つの sp 軌道は等価であるので、均等に、すなわち炭素原子を挟んで反対方向に伸びた形となる（**図 13・4**）。このとき、炭素原子には 2 つの p 軌道が余っている。余った 2 つの p 軌道は π 結合に関与する（13・2・2 項）。三重結合を持つ炭素原子（例：アセチレン）は、この特徴を持っており、sp 混成軌道の状態にある。

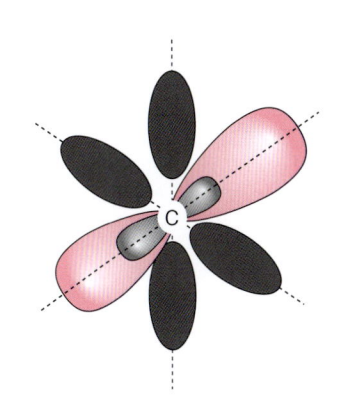

図 13・4　sp 混成軌道の形
黒で表示されているのは余った p 軌道。

13・2　σ結合とπ結合

共有結合の形成を電子の軌道で考えると、結合する2つの原子軌道の重なりによって説明できる（4・3・2項参照）。原子軌道の重なりが大きければ強い結合であり、小さければ相対的に弱い結合となる。

水素原子は1s軌道に1つの電子を持っており、この軌道によって共有結合を形成する。1s軌道は球状で方向性を持たないため、どの方向で隣接原子に近づいても原子軌道は同じように重なり、結合を形成する。

一方、炭素原子の混成軌道（sp^3, sp^2, sp）やp軌道は方向性を持っているため、どの方向から隣接原子の軌道と接近するかによって原子軌道の重なり方が異なる、すなわち結合の形成の仕方が異なる。このため、σ結合およびπ結合と呼ばれる2種類の結合の仕方が生じる。

13・2・1　σ結合

σ結合は、混成軌道のような方向性を持った軌道が、その方向軸に沿った向き、すなわち電子密度が高い方向で隣接原子と重なり合う結合である。これによって単結合が形成される[*2]。このとき、σ結合を形成する2つの原子軌道（または混成軌道）から、新たに**分子軌道**が形成される。混じり合う軌道と新たに生じる軌道の数は常に等しいので、2つの原子軌道が混じり合った結果、分子軌道が2種類生じる。1つはエネルギーがより小さい**σ軌道**、もう1つは相対的にエネルギーが高い**σ*軌道**である。σ軌道はエネルギー安定化に寄与するため結合を維持する性質を示し、σ*軌道はエネルギー不安定化に寄与するため結合を解消する方向に働く（それぞれ4・3・2項で結合性分子軌道、反結合性分子軌道、と呼んだものと等しい）。共有結合を形成する際、通常は片方の原子から1電子ずつが供与されるため、結合を維持するσ軌道に2電子が収まってσ結合が安定に形成される。

一方、結合しようとする原子軌道にさらに電子が多くあると、σ軌道では収まらず、σ*軌道にまで電子が入り不安定化する。σ*軌道にも電子が2つ入るような組み合わせでは、結合が維持できないため結合しな

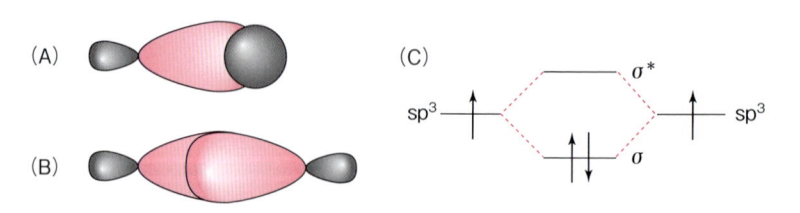

[*2]　**単結合は自由に回転できる**
単結合はσ結合1つからできている。2つの炭素のsp^3混成軌道が、軸方向に重なっている形である（図13・5）。このとき、電子はσ結合の軸周りに回転対称に存在するので、結合する炭素がそれぞれ勝手に回転しても軌道の重なりに変化は生じない。すなわち、結合エネルギーに変化はない。このため、単結合の両端の原子は自由に回転できる。

図13・5　σ結合（A, B）および、σ軌道とσ*軌道の形成（C）

い。水素 (H) は H_2 分子を安定に形成するのに対し、ヘリウム (He) が He_2 のような分子を形成しないのはこのためである (図 13・5；第 4 章 図 4・4 も参照)。

13・2・2 π 結合

sp^2 混成軌道の状態にある炭素原子は、3 つの sp^2 混成軌道に 3 つの電子を持つが、炭素原子の電子は p 軌道に 1 つ残っている (図 13・6)。sp^2 混成軌道同士が σ 結合を形成するとき、1 つずつ残った p 軌道同士も互いに接近する。ただし、p 軌道の向きは σ 結合に対して垂直であるため、p 軌道同士は軌道の側面方向から重なり合い、新たな結合を形成する (図 13・7)。この結合を **π 結合** と呼ぶ。二重結合や三重結合では、1 つの σ 結合に加えて、二重結合では 1 つ、三重結合では 2 つの π 結合が形成されている[*3]。

π 結合は 2 つの p 軌道が混じり合うことで形成されるので、対応する分子軌道も 2 つ生成する。1 つはエネルギーがより小さい **π 軌道**、もう 1 つは相対的にエネルギーが高い **π* 軌道** である。σ 軌道と σ* 軌道のときと同様に、π 軌道に電子が入ると結合は維持され、π* 軌道に電子が入ると不安定化される。π 結合は、σ 結合に比べて原子軌道の重なりが小さいため、σ 結合に比べて結合の電子のエネルギーが高く、結合は弱い。したがって、π 結合は、σ 結合と異なる反応性を示す。二重結合に対する臭化水素 HBr などの付加反応は、π 結合が σ 結合に比べて弱く、異なる向きで軌道が重なっている性質がよく現れている反応の一つである[*4]。

[*3] **二重結合は自由に回転できない**

二重結合は σ 結合に加えて、1 つの π 結合を持つ。π 結合は図 13・7 のように 2 つの p 軌道が側面で重なり合っている。このとき、一方の炭素を σ 結合周りに回転させると、π 結合を形成する p 軌道同士はねじれるように離れてしまう。すなわち π 結合の分子軌道が壊れてしまう。π 結合を壊すようにねじるにはエネルギーが必要なので、実際にはねじることは難しい。このため、二重結合は回転しない。

[*4] **エチレンに HBr が付加する反応**

HBr はエチレンの二重結合のうち一方の結合と反応する。反応した結合は π 結合である。なお、この反応で炭素は sp^2 混成軌道から sp^3 混成軌道に変化している。

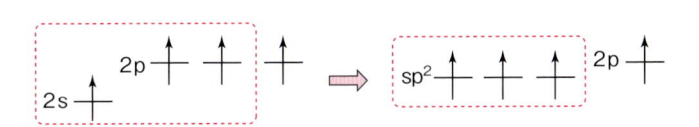

図 13・6 sp^2 混成軌道の形成と残った p 軌道

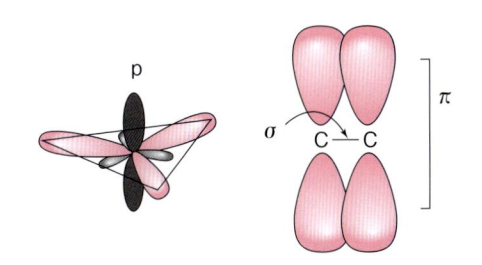

図 13・7 (左) sp^2 混成の状態と残った p 軌道、(右) p 軌道の重なりと π 結合形成

13・3 結合の表し方

化学結合には複数の形式があることや、価電子の原子軌道が重要であることを学んだが、それらの化学結合を原子軌道や分子軌道の図を用いて表すのは正確であるが煩雑である。必要に応じて、電子式や結合を線で表す方法、結合を省略する方法などが用いられる。

13・3・1 電子式による表し方

電子式は、価電子に着目して結合を形成する電子を点（点電子）で表す方法であり、価電子の様子を表しつつ共有結合を簡便に表示することができる（4・2・3項参照）。この方法なら、1つの結合が2つの電子からなることを表示でき、結合に関与しない非共有電子対を表すこともできるので、オクテット則を満たすかどうかわかりやすい。水素分子と塩素分子の例を図13・8に示した。

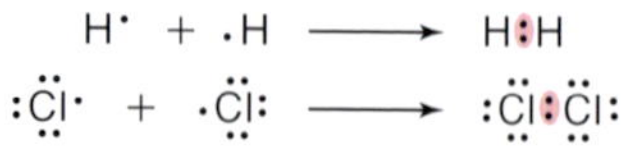

電子式では、共有結合に寄与する電子は、結合する原子の間に配置する。非共有電子対は原子の周囲に配置する。第1周期元素である水素は、2個の電子を最外殻に持つことによってオクテット則を満たすため、2つの水素原子間で2つの電子を共有することによってそれぞれの水素原子がオクテット則を満たす。塩素原子は共有結合によって、最外殻に8個の電子を有するときにオクテット則を満たし安定化する。

図13・8 電子式で表した水素分子と塩素分子の共有結合形成

13・3・2 結合を線で表す構造式

電子式は電子の様子を理解するのに便利だが、複雑な化合物になると、やはり煩雑になる。そこで、有機化合物の構造を表すために、一般的には、結合を線で表す方法が用いられる。結合1つを1本の線で表す。二重結合は二重の、三重結合は三重の線で表される。また、単結合が多い化合物では、自明な単結合の部分を省略し結合する原子を列挙する場合もある。さらに省略される場合もあり、自明な炭素原子の元素記号を

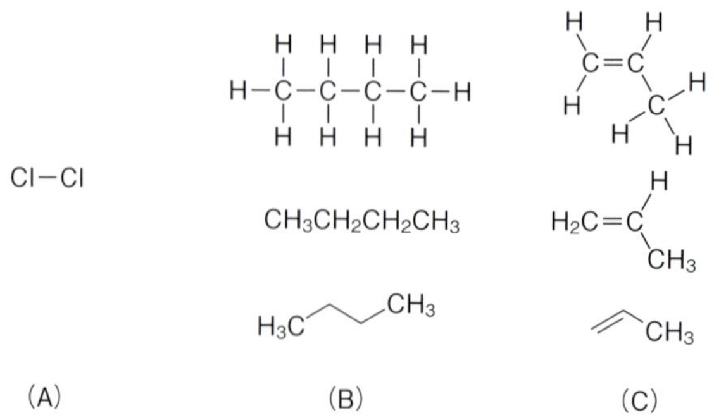

図13・9 化学構造式の表示方法
(A) 塩素分子 (Cl_2) の共有結合を線で表した構造式。(B) 炭素4つを含む炭化水素 (C_4H_{10}) の構造式のさまざまな表し方：上から、結合を線で表す方法、単結合の線を省略する方法、炭素原子の表示や水素原子の結合を省略する方法。(C) 炭素3つを含み二重結合を1つ持つ炭化水素 (C_3H_6) の構造式の表し方。

省略したり、自明な水素原子の位置と結合の表示を省略したりする（図13・9）。次節では、結合の表し方について具体例を用いてより詳しく述べる。

13・4 有機分子の化学結合

有機分子（有機化合物）には、炭素の混成状態の多様性のために多彩な化合物が存在する。これらの化合物では、炭素と炭素あるいは炭素と他の元素が、σ結合やπ結合を介して複雑に連なっている。このような複雑な有機化合物の結合様式を知るための初歩として、単純な分子における化合物の結合の様式を整理しよう。

このような実際の有機化合物を表示するときには、電子式でも煩雑になる。このため、前節で見たように、結合を線で表す方法が一般的に用いられる。これまでは、特に意識せずに結合を線で表してきたと思うが、これからは、結合を示す1本の線が2個の結合電子を意味していることを意識するとよい。

13・4・1 メタン、エタン：単結合

有機化合物の基本構造を持つ炭化水素について、化学結合のあり方をみると、結合の種類と特徴がわかる[*5]。

メタン（CH_4）は最も単純な炭化水素であり、sp^3混成軌道を持つ炭素原子に4つの水素原子が共有結合している。原子軌道による表現、電子式による表示、結合を線で表す表示、それぞれで表されたメタンの構造を比較するとよい（図13・10）。

エタンは、炭素原子を2つ持つ炭化水素の一種である。sp^3混成軌道を持つ炭素原子同士がσ結合を形成し、残りは水素が結合している。炭素同士の結合はsp^3混成軌道同士の重なり合いであり、炭素と水素の結合は、メタン同様炭素原子のsp^3と水素原子の1s軌道の重なりであ

*5 **炭化水素**
炭化水素は炭素と水素のみからなる化合物である。すべての結合が単結合でできている炭化水素は、まとめて「アルカン」という一般名称で呼ばれる。アルカンは一般化された化学式$C_nH_{(2n+2)}$（nは自然数）で表せる（14・1・1項参照）。メタンは炭素数1のアルカンであり、エタンは炭素数2のアルカンである。

図13・10 メタン（CH_4）の構造の表し方
(A) 原子軌道の重ね合わせによる表現。(B) 電子式。(C) 結合を線で表す方法。(D) 単結合を省略した表記法。

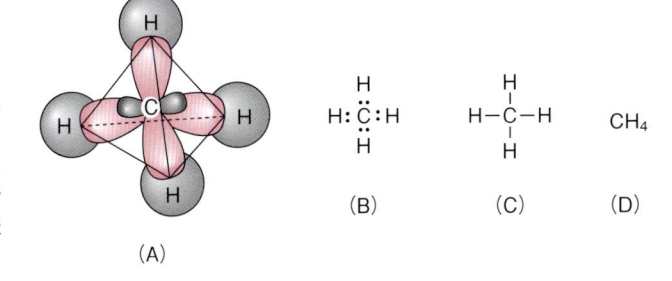

るが，電子式や結合を線で表す方法では，どちらもσ結合として同じ表記法で表す（図13・12）。

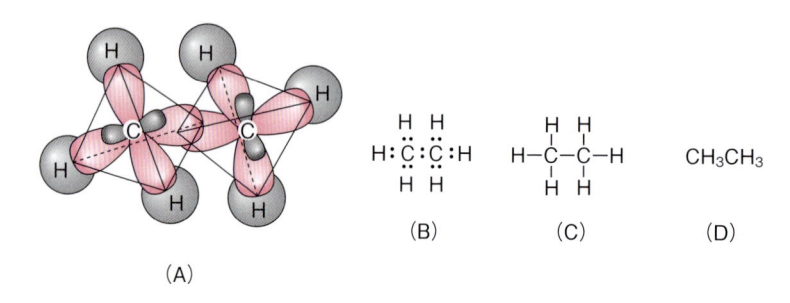

図13・11 エタン（C_2H_6）の構造の表し方
(A) 原子軌道の重ね合わせによる表現。(B) 電子式。(C) 結合を線で表す方法。
(D) 単結合を省略した表記法。

13・4・2 エチレン：二重結合

エチレンは，sp^2 混成軌道を持つ炭素原子が2つ結合した分子である。sp^2 混成軌道の炭素原子には1つのp軌道が余っており，p軌道同士が重なり合い，π結合を形成する。このため，炭素と炭素の間には，σ結合とπ結合があることになり，二重結合を形成する[*6]。電子式では，炭素と炭素の間の結合が2本あることを表すため，4つの点電子を配置する。これにより，1つの炭素が共有する電子は8個となりオクテット則を満たしていることがわかる。電子式では，点電子がσ結合を表すかπ結合を表すかの区別はない。結合を線で表す場合も同様で，二重結合であることを示す二本線で炭素間を結ぶ。二重結合であれば，1本はσ結合，もう1本はπ結合であることが自明であるからである（図13・12）。

[*6] **二重結合・三重結合を持つ化合物の総称**
エチレンのように二重結合を持つ炭化水素を総称して「アルケン」と呼ぶ。アセチレンのように三重結合を持つ炭化水素を総称して「アルキン」と呼ぶ（14・1・3項および14・1・4項参照）。二重結合や三重結合のような多重結合を「不飽和結合」と呼ぶことがある。

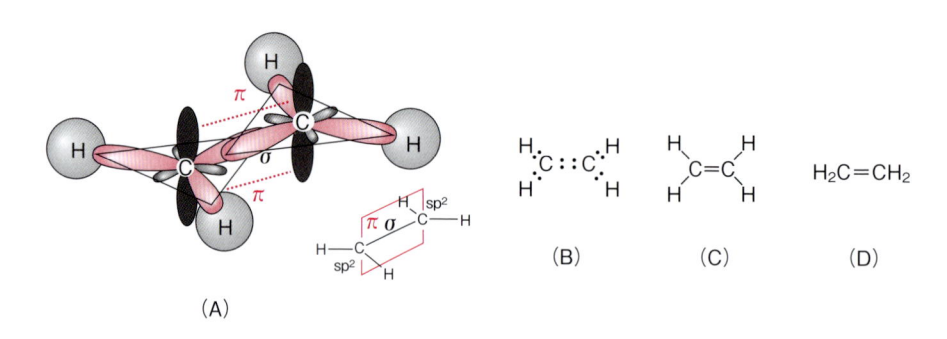

図13・12 エチレン（C_2H_4）
(A) 原子軌道の重ね合わせによる表現（右下に模式図を示した：σ結合＝線，π結合＝赤い面）。
(B) 電子式。(C) 結合を線で表す方法。(D) 単結合を省略した表記法。

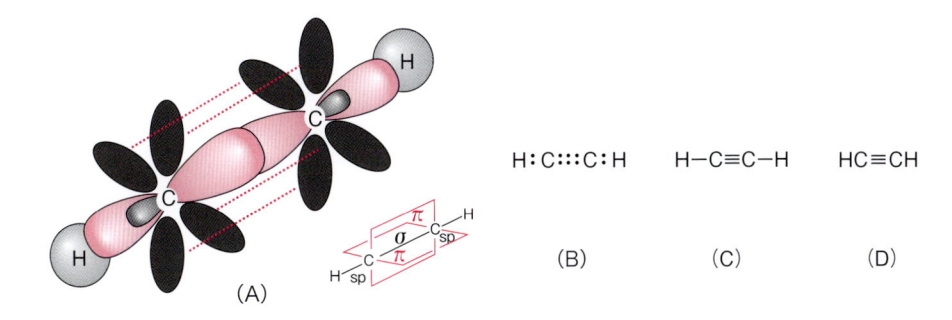

図 13・13　アセチレン（C_2H_2）
(A) 原子軌道の重ね合わせによる表現（右下に模式図を示した：σ結合＝線、π結合＝赤い面）。
(B) 電子式。(C) 結合を線で表す方法。(D) 単結合を省略した表記法。

13・4・3　アセチレン：三重結合

アセチレンでは、sp混成軌道を持つ炭素原子同士が結合している。sp混成軌道の炭素原子には、p軌道が2つ余っていることになる。余っているp軌道は互いに直行している。したがって、sp混成軌道同士がσ結合を形成するとともに、2組のp軌道がそれぞれπ結合を形成し、2つのπ結合は直交した状態となる。σ結合1つとπ結合2つによって結ばれるため、炭素と炭素の間が三重結合になる（**図13・13**）。

13・4・4　結合の次数と結合の強さ・距離

炭素間の結合には、単結合、二重結合、三重結合があることを述べた。これらの炭素間の結合において、炭素と炭素の間の距離は同じではない。単結合が最も長く、次いで二重結合、そして三重結合と距離は短くなっていく。これらの結合は、sp^3混成軌道、sp^2混成軌道、sp混成軌道を持つ炭素同士が結合することにより形成されるが、混成される軌道のうち、sp^3混成軌道のように、p軌道の割合が多くなると、方向性のあるp軌道の形が強く反映され、混成軌道もより強い方向性を持った形、すなわち長細い形になる。一方、sp軌道のように、p軌道の割合が少なくなると相対的にs軌道の性質が強く反映され、方向性の少ない形、すなわちずんぐりとした形になる。このため、σ結合を形成するために重なり合う距離まで炭素原子同士が近づくとき、sp^3混成軌道による単結合の方が距離が長く、sp混成軌道による三重結合の方が短くなる。

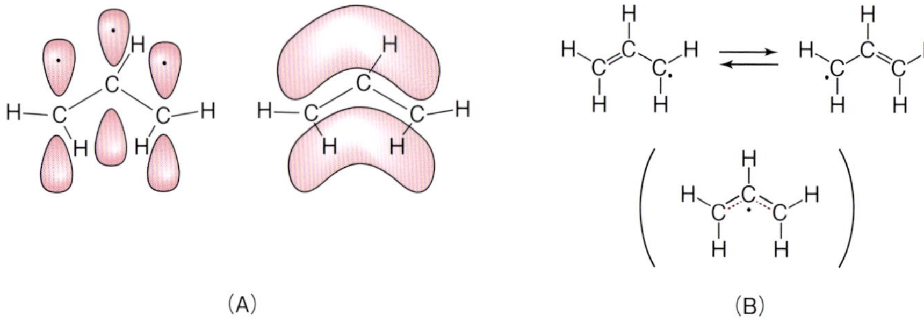

120　第13章　有機分子の構造

　　　　　　　　(A)　　　　　　　　　　　　　　　　　(B)

図13・14　アリルラジカルのp軌道とπ結合
(A) アリルラジカルの3つのp軌道（それぞれ1つの電子を持つことを点で表した）とπ軌道。
(B) 結合を線で表したときのアリルラジカルの表示。

13・5　結合の共役

13・5・1　連続したp軌道による結合の生成

　二重結合では、sp^2 混成軌道を持つ炭素原子において、余ったp軌道2つがπ結合を形成していた。sp^2 混成軌道を持つ炭素原子が3つ連続的に結合している場合、どのような結合になるだろうか。**アリルラジカル**（図13・14）は、sp^2 混成軌道を持つ炭素原子が3つ結合した化合物である。アリルラジカルのp軌道はいずれも同じ向きであるので、中央の炭素は、右の炭素とπ結合を作るとも考えられるし、左の炭素とπ結合を作るとも考えられる。実際には、3つのp軌道が混じり合って3つの炭素原子にまたがる軌道が3つ生成する。2つのp軌道から生じるπ結合にエネルギーが低いπ軌道とエネルギーが高い$π^*$軌道があるように、この場合にもエネルギーの異なる3つの軌道が生じる。アリルラジカルを表示するときは、右に二重結合がある形と左に二重結合がある形が共鳴していると表示してもよいし、3つの炭素にわたる点線でπ軌道を表してもよい（図13・14(B)；次頁囲み解説参照）。

　このような3つのp軌道からのπ軌道の生成は、アリルラジカルだけではなく、1電子少ないアリルカチオンでも1電子多いアリルアニオンでも、π軌道などに入る電子の総数が異なるだけで同様である。

　炭素数が4の場合も同様に考えることができる。sp^2 混成軌道を持つ4つの炭素が連なって結合している場合、余った4つのp軌道から、4つの炭素原子にまたがったエネルギーの異なる4つの軌道が生成する。構造式では、二重結合2つが単結合を介して隣り合っているように書くことができる（便宜上このように表記することが普通である）が（**図13・15**）、実際には、この2つの二重結合のπ軌道の電子は、4つの炭素全体に広がっている。

解　説

共鳴構造と構造式の表し方

図 13・14(B) のように、アリルラジカルの構造は 2 種類の書き方ができる。二重結合が左にあるように表す書き方と、右にあるように表す書き方である。実際のアリルラジカルは、どちらの構造を持っているのだろうか。答えは、どちらでもあり、どちらでもない。禅問答のようだが、実際には、これら 2 つの構造を重ね合わせたような構造になっている。これは図 13・14(A) の π 軌道の形に現れている。このような状態にある構造を**共鳴構造**と呼ぶ。図 13・14(B) の左側の構造と右側の構造のように、共鳴構造の一側面を表した構造式を**極限構造式**と呼び、これらの構造は「共鳴している」という。

共鳴構造を持つ化合物では、どの極限構造式も分子の実態を正確に表してはいないが、性質や化学反応性を考える場合の一側面を反映しているともいえる。このような共鳴構造を実際に近い形で表そうと、一部の結合を点線で表す場合もある（図 13・14(B) の括弧内に例を示した）。この場合は、電子が分散している様子をある程度表すことができるが、結合の価数や化学反応性がわかりにくくなってしまうことがある。結合の表示方法は、目的に応じて適切に使い分けることが望ましい。

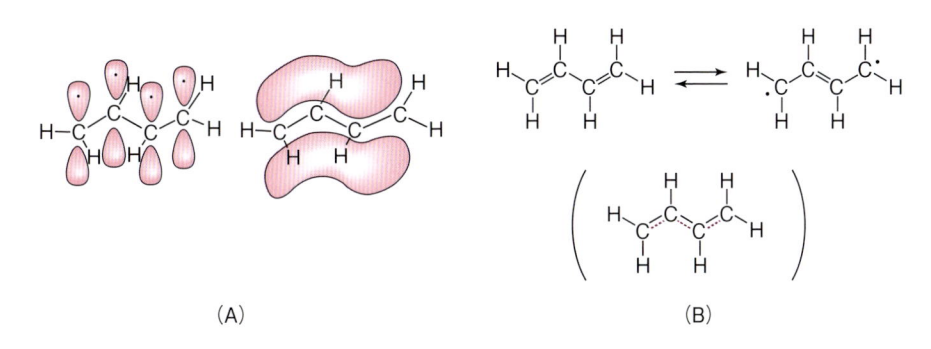

図 13・15　ブタジエン (C_4H_6) の p 軌道と π 結合
(A) ブタジエンの 4 つの p 軌道（それぞれ 1 つの電子を持つことを点で表した）と π 軌道。
(B) 結合を線で表したときのブタジエンの表示。

このように、p 軌道が連続する構造では、2 対ずつの p 軌道がそれぞれ二重結合を作っているように表記できるが、実際は連続した p 軌道が全て結合してより安定な大きい軌道を作っている。このような状態を**共役**と呼ぶ。二重結合が共役している方が、そうでない場合よりも安定であるので、**図 13・16** のように、同じ二重結合を 2 つ持つ化合物（分子式 C_5H_8 の炭化水素）でも、共役した二重結合を持つ構造異性体（14・1 節参照）の方がより安定である。

13・5・2　結合の共役の効果

共役二重結合による安定化は、炭化水素に限ったことではない。二重結合とカルボニル基が共役した構造も、共役していないカルボニル化合物より安定である。

図 13・16　二重結合を 2 つ持つ C_5H_8 の 2 種類の構造式
(A) 共役していない二重結合を持つ異性体。(B) 共役した二重結合を持つ異性体。

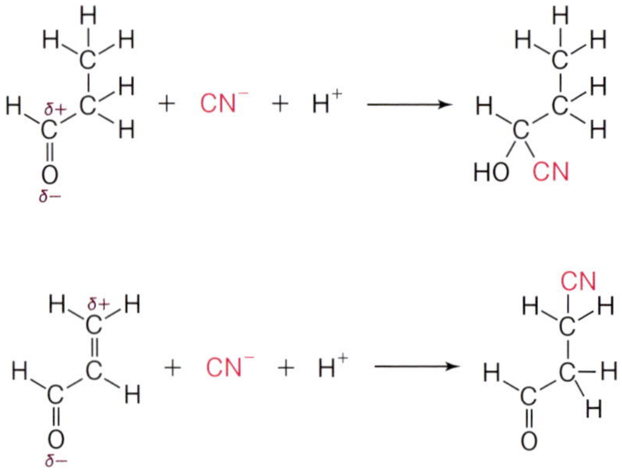

図 13・17 α, β-不飽和カルボニル基、共役二重結合の反応性
上段の反応では、カルボニル基の分極して正電荷を帯びた炭素に、負電荷を持った CN^- が付加しているが、下段の共役した二重結合（α, β-不飽和カルボニル基）を持つ化合物では、分極が共役二重結合まで及び、CN^- が共役した二重結合の炭素に付加する。

　共役した二重結合やカルボニル基は、単純な二重結合やカルボニル化合物と異なる反応性を示す。例えば、二重結合とカルボニル基が共役した α, β-不飽和カルボニル化合物では、カルボニル基への付加反応よりも二重結合の末端に反応剤が結合しやすい（**図 13・17**）。これは、共役することにより、結合の分極がカルボニル基に留まらず、共役した二重結合まで及んでいることを示している。結果だけをみると、二重結合のみが反応したように見えるが、二重結合のみの化合物よりも反応しやすい。これは、カルボニル基との共役の効果である。

13・5・3　三重結合の共役

　三重結合は、sp 混成軌道の炭素原子によって2つの π 結合を形成しているが、sp 混成軌道を持つ炭素原子が連続して結合することにより、二重結合の共役と同様に、三重結合の共役が起こる。三重結合では、直交する π 結合が2つあるので、それぞれの π 結合について隣接する三重結合との共役を考えればよい。

13・5・4　アレン：二重結合が隣接する特殊なケース

　共役の特殊なケースとして、sp^2 混成軌道を持つ炭素と、sp 混成軌道を持つ炭素が混在している場合が考えられる。炭素数3の炭化水素 C_3H_4 の構造を考えてみよう（**図 13・18**）。この分子式の化合物には、三重結合を1つ持つ場合と、二重結合2つを持つ場合を考えることができる。このとき、二重結合2つを持つ化合物に着目すると、中央の炭素は sp 混成軌道となっている一方、両端の炭素は sp^2 混成軌道となっている。さらに、2つの二重結合に着目すると、sp 混成軌道の2つの p 軌道が、別々の炭素（sp^2 混成軌道）と π 結合を形成している。このような化合物の構造をアレン構造と呼ぶ。この種の化合物で最も単純な化合物がこ

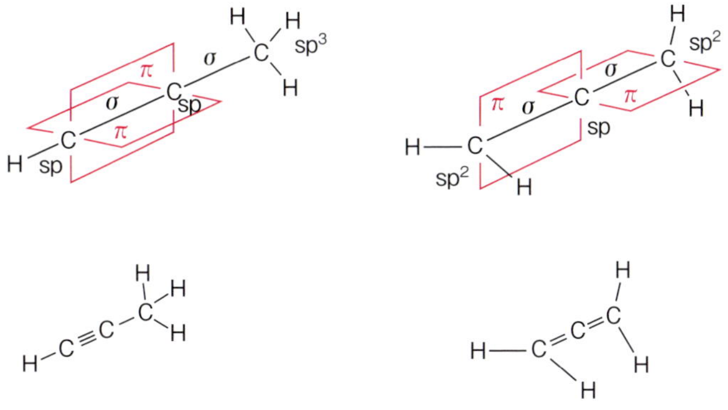

図 13・18 分子式 C₃H₄ である 2 種類の化合物
(A) 三重結合を 1 つ持つ化合物。
(B) 二重結合を 2 つ持つ化合物（アレン）。

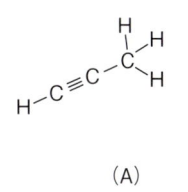

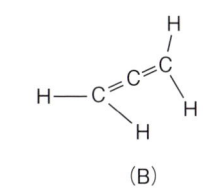

こに示した**アレン**である。

アレンでは、sp 混成軌道を持つ炭素原子の 2 つの余った p 軌道は互いに直交しているため、2 つの π 結合も直交している。したがって、この 2 つの π 結合の電子は互いに混じり合うことはない。すなわち、アレンの 2 つの二重結合は共役していない（図 13・18）。

■ 復習問題 ■

1. 分子式 C₃H₈ の化合物の構造式を図 13・9 (B) に倣ってさまざまな表し方で示せ。
2. エタン、エチレン、アセチレンの炭素間の結合の強さを比較して考察せよ。
3. 単結合は結合の両端の原子が自由に回転できるが、二重結合は自由に回転できない。この理由を、エタンとエチレンを例として、分子軌道を基に説明せよ。
4. 分子軌道を考えることで、He_2^+ は存在できるか考察せよ。（He 原子と、He^+ イオンが結合する分子と考えて、分子軌道の模式図を書くと考えやすい。）
5. sp² 炭素が 5 つ連続して結合した構造を持つ化合物（右に p 軌道の様子を模式的に示した）の π 電子は共鳴している。この化合物の共鳴の極限構造式を図 13・14 (B) および図 13・15 (B) に倣って表せ。

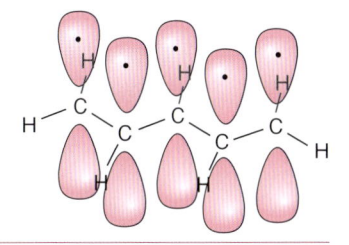

● 国家試験類題 ●

1. 次の a～e の化合物のうち、sp² 炭素を含むもののみの組み合わせは 1.～5. のうちどれか。
   (a) C_2H_2 (b) C_2H_4 (c) C_2H_6 (d) C_2H_3Cl (e) C_2H_5Cl
   1. (a, b) 2. (a, c) 3. (a, e) 4. (b, c) 5. (b, d)

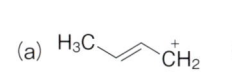

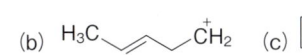

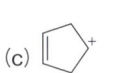

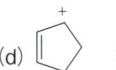

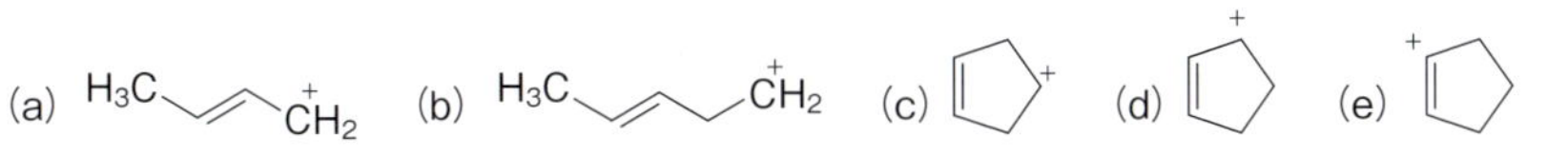

2. 次の a～e の化合物のうち、正電荷が共鳴により安定化されているものの組み合わせは 1.～5. のどれか。
   1. (a, b) 2. (a, c) 3. (a, d) 4. (b, c) 5. (b, d)

COLUMN

導電性プラスチック「ポリアセチレン」

　日本の化学者 白川英樹博士（筑波大学名誉教授）は、導電性プラスチック「ポリアセチレン」を開発した功績で2000年にノーベル化学賞を受賞した。プラスチックは、「自由に成形できる」「酸・アルカリなどに強い」「軽い」など工業的に優れた性質を持っているが、普通、電気は通さない（絶縁材として利用されるほど）。しかし、ポリアセチレンは、「電気を通すプラスチック」である。ポリアセチレンのような導電性プラスチックは、プラスチックの利点を生かした導電性素材として使うことができるため、多くの工業製品に利用されている。代表的なものには、「有機EL（曲げられるディスプレイ）」や「タッチパネル」「携帯電話の充電池」などがある。

　「ポリアセチレン」はなぜ、"普通のプラスチック"と違い、電気を通すのだろうか。「ポリアセチレン」とは、アセチレンが重合した（互いに反応して長く連なった）もの、という意味であるが、その構造は、二重結合と単結合が交互に連続した「共役したアルケン」である。この構造の二重結合は、全て共役しているため、π結合の軌道が化合物の長さの分だけつながった状態になっている。図13・15に示したように、つながったπ結合は1つの軌道となり、π結合電子が自由に行き来できる。これは金属の自由電子とよく似た状態といえる。「導電性」とは、電気が流れやすい性質、すなわち電子が物質内を自由に移動できる性質のことであるので、自由に移動できる電子をπ軌道に有する「ポリアセチレン」は、導電性を示す。

　実際の導電性プラスチックでは、「ポリアセチレン」にさらに工夫を加えて、金属に匹敵する導電性を実現している。実は金属結晶には、自由電子が行き来できる十分な"空きスペース"となる電子軌道が存在していて、自由電子はこの空いた軌道を使って自由に金属結晶内を移動する。一方、「ポリアセチレン」では、つながったπ結合は存在するが、全ての軌道が電子で埋まっているため、ちょうど交通渋滞のような状態になって、電子が効率よく行き来することが難しい。そのため、実用的な導電性プラスチックでは、ヨウ素のような酸化剤を少量添加することで効率を上げている。酸化剤が少量存在すると、「ポリアセチレン」のつながったπ結合の電子が、ほんの一部だけ酸化剤に奪い取られ、うまく"空きスペース"が生じる。これにより、「ポリアセチレン」のπ結合電子がスムーズにπ結合を行き来できるようになり、導電性が飛躍的に高まる。

　プラスチックが電気を通す不思議も、有機化合物の結合を理解することで納得できるだろう。

第14章 有機化合物の種類と反応

有機化合物は炭素、水素を主要構成成分として含み、化合物によっては、窒素、酸素、硫黄、リンなど多彩な元素をその他の成分として含んでいる。炭素原子が、最大4つの原子価を持ち、また sp、sp^2、sp^3 などの多様な混成軌道の状態をとることによって、多様な化学構造が生み出される。それぞれの化合物は、構造に基づいた特徴的な物理化学的性質を示す。

私たち生物の体も、水分を除けば、主として有機化合物からできており、生体分子のさまざまな性質は、突き詰めると有機化合物の性質によっているといえる。私たちが摂る食事や、病気のときにのむ医薬品もほとんどが有機化合物を豊富に含み、私たちの体に吸収され、栄養になったり、作用を発揮したりする。これらの場面でも有機化学的性質が働いている。有機化合物は、私たちの生活はもちろん、生命にも密接に関わっているのである。

14・1 炭化水素の構造と異性体

最も基本的で単純な有機化合物として**炭化水素**があげられる。炭化水素は炭素と水素のみからなる化合物で、炭素−炭素間および炭素−水素間の共有結合を持つ。

14・1・1 アルカン

炭化水素のうち最も単純な化合物は、炭素原子を1つ持つメタン（methane、分子式 CH_4）である。また、炭素原子2つが単結合した炭化水素は、エタン（ethane、分子式 C_2H_6）という。このように、炭素が単結合で連なっている炭化水素を**アルカン**（alkane）と総称する。アルカンの分子式は一般式 $C_nH_{(2n+2)}$ [n は自然数] となる。炭素が一本の鎖状（直鎖状という）に連なったアルカンは、炭素数に応じて固有の名称が与えられ「ane」の語尾を持つ（**表14・1**）。炭素数が5以上の直鎖アルカンは、ギリシャ語やラテン語の数詞に由来する名称が付けられている[*1]。

14・1・2 構造異性体

分子式 C_4H_{10} であるアルカンの構造は少し複雑である。この分子式を持つアルカンは複数考えられる。1つはブタンである（**図14・1上**）。もう1つは、炭素鎖が枝分かれしている化合物イソブタン[*2]（IUPAC名では2-メチルプロパン）である（**図14・1下**）。

これらは同じ分子式 C_4H_{10} を持つアルカンであるが、結合の仕方に違いがある。このように、分子式が同じで、化学結合の仕方が異なる、す

[*1] このような有機化合物の名称は、国際機関 **IUPAC**（国際純正および応用化学連合）で定められた規則によって命名される。

[*2] イソブタンという名称は、古くから慣用的に使用されている名称であるが、IUPAC は2-メチルプロパンを推奨している。世の中に存在する膨大な化合物、またこれから次々と生み出されてくる無数の化合物を合理的に区別し、同一のものに別の名称がつけられることを防ぐため、IUPAC は体系的な名称のつけ方を定めた。これを **IUPAC 命名規則**と呼び、この規則により体系的に命名される名称は、「IUPAC 名」と呼ばれる。一方、古くから知られ、よく利用される化合物には、呼び慣わされた名称がついている場合があり、これを「慣用名」と呼ぶ。イソブタンは慣用名である。

表 14・1　直鎖アルカンの名称の例

炭素数	アルカンの名称
1	メタン (methane)
2	エタン (ethane)
3	プロパン (propane)
4	ブタン (butane)
5	ペンタン (pentane)
6	ヘキサン (hexane)
7	ヘプタン (heptane)
8	オクタン (octane)
9	ノナン (nonane)
10	デカン (decane)
11	ウンデカン (undecane)
12	ドデカン (dodecane)
13	トリデカン (tridecane)
14	テトラデカン (tetradecane)
20	イコサン (icosane)
21	ヘンイコサン (henicosane)
22	ドコサン (docosane)
30	トリアコンタン (triacontane)
40	テトラコンタン (tetracontane)
100	ヘクタン (hectane)

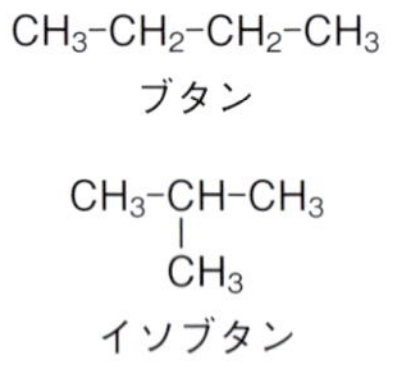

$CH_3-CH_2-CH_2-CH_3$
ブタン

$CH_3-CH-CH_3$
　　　$|$
　　　CH_3
イソブタン

図 14・1　分子式 C_4H_{10} である炭化水素（アルカン）

*3　イソブタン（2-メチルプロパン）に対応するアルケンも同じ分子式 C_4H_8 を持ち、これも構造異性体である。しかしブテンという名称ではなく、イソブテンまたは 2-メチルプロペンである。

なわち構造が異なる化合物が存在する場合、一方を他方の**構造異性体**である、という。

また、イソブタン（2-メチルプロパン）の構造をみると、プロパン（$CH_3-CH_2-CH_3$）の $-CH_2-$ の水素が1つ、CH_3 で置き換わった構造をしていると考えることもできる。このとき、CH_3 のように置き換わった部分構造を**置換基**と呼ぶ。

アルカンでは、メタン、エタン、プロパンには、構造異性体が存在しないが（なぜ存在しないかを考えてみよう）、ブタンより多い炭素数のアルカンでは構造異性体が存在する。アルカンの構造異性体の数は、炭素数が増加すると飛躍的に多くなり、C_5H_{12} では3種類だが、$C_{10}H_{22}$ では 75 種類にもなる。

構造異性体は、分子式が同じでも化学構造が全く異なるため、異なる物理化学的性質を示し、また生物作用も異なることが多い。このため、構造異性体はそれぞれきちんと区別して考える必要がある。

14・1・3　アルケン

エチレンのような炭素炭素間に二重結合を持つ炭化水素を総称して、**アルケン** (alkene) と呼ぶ。エチレンは最小のアルケンである。エチレンという名称は慣用名であり、IUPAC 名はエテン (ethene) である。アルカン (alkane) の語尾 ane を ene に変更することで、対応するアルカンの名称からアルケンの名称がわかる。炭素数が4のアルケンは、ブテン (butene) であるが、二重結合の位置が末端にある場合と内側（内部）にある場合が考えられる。さらに内部に二重結合がある場合には、両端のメチル基が二重結合に対して同じ側（シス (*cis*) という）の場合と反対側（トランス (*trans*) という）の場合の2種類が考えられ、合計3種類の化合物があることになる（**図 14・2**）*3。

このうち、1-ブテンと2-ブテン（2種類）は構造異性体である。一方、2つの2-ブテン（*cis*-2-ブテンと *trans*-2-ブテン）は、基本的な結合の仕方は同じで、空間的な配置（メチル基が同じ方を向くか、反対を向くか）が異なる。このような異性体を**立体異性体**と呼び、特にシスとトランスの違いによる立体異性体を**幾何異性体**と呼ぶ。

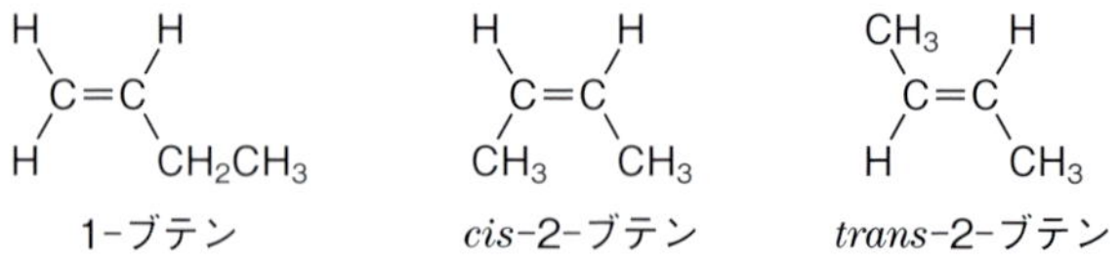

　　1-ブテン　　　　　*cis*-2-ブテン　　　*trans*-2-ブテン

図 14・2　3種類のブテン

14・1・4　アルキン

アセチレンのような三重結合を含む炭化水素を総称して**アルキン**（alkyne）と呼ぶ*4。アセチレンは最小のアルキンである。アセチレンという名称は慣用名であり、IUPAC 名はエチン（ethyne）である。アルカン（alkane）の語尾 ane を yne に変更すると、対応するアルケンの名称がわかる。アルケンの場合と同様に、炭素数 4 以上のアルキンには構造異性体が存在するが、三重結合の炭素は sp 混成軌道であるので、幾何異性体は生じない。

*4　アルキンの三重結合の炭素は sp 混成軌道である。13・1・2項で学んだように、sp 混成軌道は直線上に延びる形をしている。したがって、二重結合（sp^2 混成軌道）と違い、向きの違いに起因する幾何異性体は生じない。

14・2　官能基と化学反応

炭化水素には、炭素原子と水素原子しか含まれないが、世の中に存在する多くの化合物は、炭素、水素以外にも多様な元素を含んでいる。生命科学に関係する有機化合物では、特に、窒素、酸素、リン、硫黄、ハロゲンを含むものが重要である。例えば、メタンの水素が 1 つ塩素 Cl で置き換わった（すなわち置換基として塩素 Cl を持つ）化合物をクロロメタンと呼ぶ。クロロメタンは、メタンとは異なる物理化学的性質を示し、また異なる反応性を持つ。化合物の物理化学的性質や反応性に影響を与える置換基を**官能基**と呼ぶ。官能基は、その化合物の性質を決める重要な要素である。カルボキシ基（-COOH）やヒドロキシ基（-OH）、アミノ基（-NH$_2$）、エーテル（-O-）、ヒドロスルフィド基（-SH）、リン酸基（-PO$_3$H$_2$）、エステル（-OCO-）などは全て官能基の一種である（裏見返しの表参照）。

官能基によって、有機化合物は多様な性質を持ち、また多彩な化学反応性を示す。官能基の種類によって、起こりうる化学反応の種類が異なるので、医薬品のような有用な有機化合物の化学合成においては、官能基の性質を調べることは大変重要であり、また、医薬品の作用にも、官能基と生体分子との相互作用が重要な役割を果たす。

14・3　立体異性体

14・3・1　鏡像異性体

多様な官能基を持つ化合物の中には、sp^3 混成軌道を持つ炭素原子の 4 つの原子価にそれぞれ異なった置換基を有するものが存在する（図 14・3）。

このとき、sp^3 混成軌道を持つ炭素の原子価すなわち結合位置が正四面体の頂点と同じ位置関係となるため、分子式、結合様式が同じである

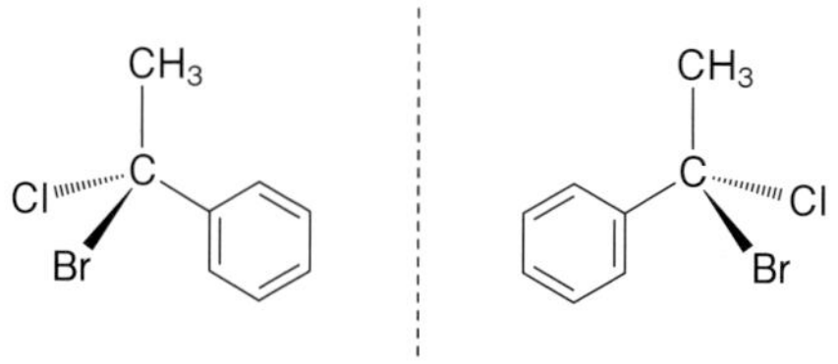

中心の炭素原子に結合する置換基は全て異なる

図 14・3　鏡像異性体
点線の結合は奥側に、太線の結合は手前側に伸びていることを表している。

にもかかわらず、空間的な置換基の配置が異なる 2 種類の化合物が存在する。図 14・3 に示した 2 つの化合物は、原子の結合の仕方は同じであるので、構造異性体ではない。しかし、置換基の空間的な配置が異なり、どう回転させても重ね合わせることができない、すなわち異なる化合物である。これは、立体異性体の一種であるが、図中央の縦の点線を鏡と見立てると、互いに鏡に映した構造になることから、特に**鏡像異性体**と呼ぶ。また、鏡像異性体の溶液に偏光を通過させると偏光面が回転する光学的な特徴を示すことから、**光学異性体**あるいは**エナンチオマー**（enantiomer）とも呼び、この性質を示す分子を**キラル**（chiral）分子という。キラル分子となる原因となった 4 つの異なる置換基を持つ炭素原子を**不斉原子**（**不斉炭素原子**）あるいは**立体中心**と呼ぶ。

　α-アミノ酸はキラル分子である。私たちの体に含まれるタンパク質は、α-アミノ酸の鏡像異性体のうち一方（L 体）で構成されている[*5]。このため、一般にタンパク質はキラルな分子の一方の鏡像異性体とより強い相互作用を持つ。これは、医薬品が作用する際にその立体構造（鏡像異性体）が重要であることを示唆している。

*5　L 体の α-アミノ酸と鏡像異性体にあるアミノ酸は D 体と呼ぶ。D 体のアミノ酸は細菌などの微生物に含まれることがある。

14・3・2　ジアステレオマー

　キラルな分子が 2 個連なった構造をしている化合物の場合、もう少し事情が複雑になる。このような分子の場合、2 つの不斉炭素原子を持つが、**図 14・4（A）**のように、対応する 2 つの不斉炭素原子がそれぞれ鏡に映した立体配置を持っていれば、2 つの分子は互いに鏡に映した形となり、鏡像異性体となる。しかし、**図 14・4（B）**のように、対応する不斉炭素原子の一方は鏡に映した形だが、もう一方は同じ形をしている場合、分子全体としては、鏡に映したようにはならないため、鏡像異性体ではない。このように、立体中心が 2 つ以上存在する化合物において、鏡像関係にはないが、立体異性体の関係にはある化合物を**ジアステレオマー**と呼ぶ。1 つの不斉炭素原子には立体異性体が 2 種類存在するため、

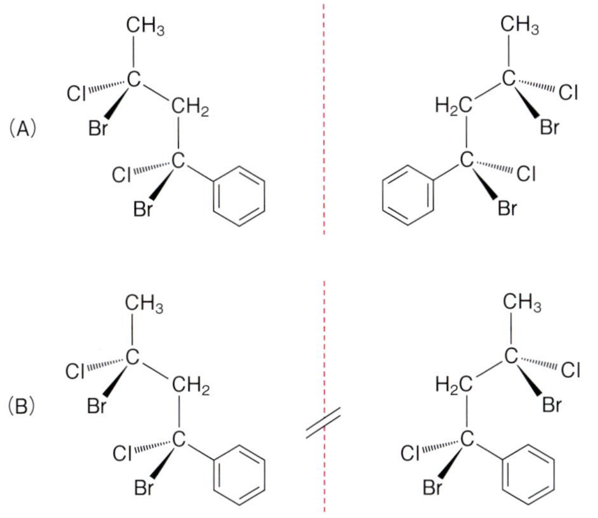

図14・4　ジアステレオマー
図(A)の場合は、中央の点線を鏡と見立てると左右の2つの化合物は鏡像の関係にあり、鏡像異性体であることがわかる。(B)の場合は、同様に見ても鏡像の関係にはなく、鏡像異性体ではない。(B)に示した2つの化合物は互いにジアステレオマーの関係にある。

n 個の不斉炭素原子を含む化合物の立体異性体は、理論上 2^n 個存在し、それぞれの立体異性体は、鏡像異性体の関係にあるか、あるいはジアステレオマーの関係にある[*6]。

[*6] 「メソ化合物」という例外がある。

14・4　有機化合物の反応

さまざまな官能基を持つ有機化合物は、多様な反応性を示す。化合物の反応性は化合物によって異なるが、官能基と反応条件の種類によって、大まかに分類することができる。

14・4・1　置換反応

ある官能基が、見かけ上、他の官能基で置き換わる反応を**置換反応**と呼ぶ。ベンゼンに対して、硫酸酸性条件下に硝酸を加えて加熱すると、ニトロベンゼンが生成する（図14・5上）。この反応は、見かけ上、ベンゼンの1つの水素（-H）が、ニトロ基（-NO₂）に置き換わった形式の反応であるので、置換反応の一種である（便宜上、水素を置換基の一つと見なしている）。9・4・2項でみたトリニトロトルエンの生成は、この反応を応用している（図9・6参照）。ベンゼンのような芳香族化合物以外でも、ヨードメタンにアニリンを作用させると、ヨウ素とアニリン

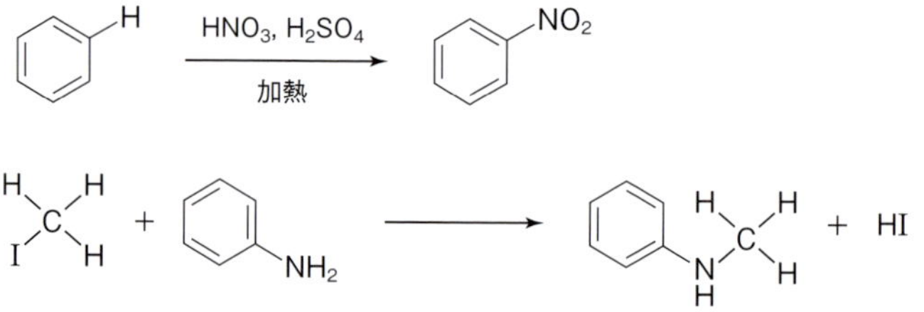

が置き換わった N–メチルアニリンと、ヨウ化水素酸が生成する（**図 14・5 下**）。

14・4・2 脱離反応

化合物からある官能基が切断され脱離する反応を**脱離反応**と呼ぶ。通常、官能基とともに水素も切り離され、多重結合が形成される。2–ブロモプロパンを加熱すると、臭素と隣接炭素上にある水素1つが切断され、二重結合が形成されてプロペン（慣用名プロピレン）と臭化水素が生じる。この反応では、加熱によりブロモプロパンから、臭素の高い電気陰性度によって炭素–臭素間の σ 結合が切れ、臭化物イオンとなって脱離することで化合物の電子が足りなくなり、また炭素–水素間の σ 結合が切れて水素イオンが遊離することで電子が余り、結合の再構成が生じて π 結合ができる（**図 14・6**）。

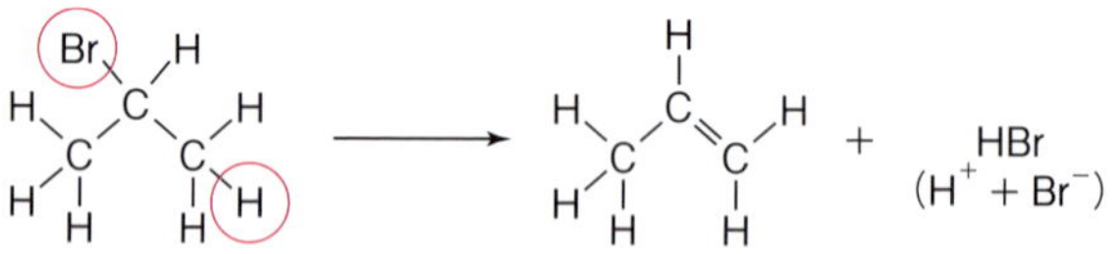

図 14・6 2–ブロモプロパンの脱離反応によるプロペンの生成
赤丸を記した Br と H が、それぞれ Br$^-$（臭化物イオン）および H$^+$（プロトン）として脱離する。

14・4・3 付加反応

脱離反応とは逆に、二重結合や三重結合に対して官能基が2つ付加して結合次数が1つ減少する反応を**付加反応**という。エチレンに臭化水素（HBr）が反応するとブロモエタンが生じる（**図 14・7**）。エチレンの π 結合の電子が水素イオンとの σ 結合形成に利用されることで炭素の軌道が再構成され、電子が不足した隣接炭素上に臭化物イオンが付加する。付加反応により二重結合や三重結合が存在する部分にさまざまな官能基を結合させることができるため、有機化合物合成に有用な反応の一つである。第13章の図13・17 に示した反応も付加反応の一つである。

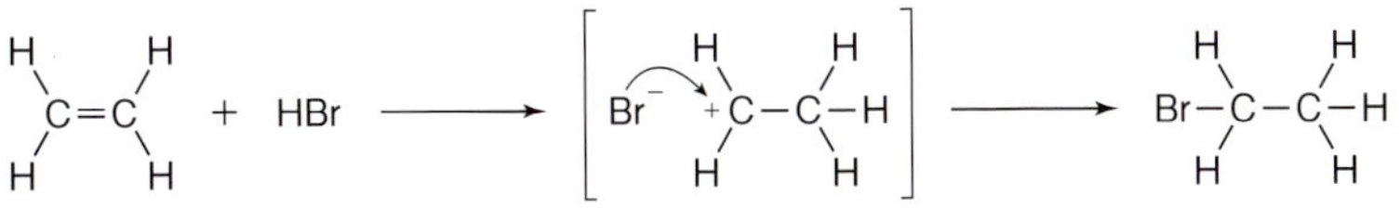

図 14・7　付加反応の例

付加反応と脱離反応は、見かけ上、逆反応の関係になっている。

14・4・4　酸化還元反応

第 8 章で学んだように、原子の酸化数変化を伴う反応を**酸化・還元反応**という。有機化合物の化学反応の場合、酸化数の変化を化合物間の電子の授受と考えるとわかりやすい。このような考えに基づいて、化合物から電子を奪う反応を**酸化反応**、化合物に電子を与える反応を**還元反応**と呼ぶ。酸化反応を行う反応剤を**酸化剤**と呼び、$KMnO_4$ や $K_2Cr_2O_7$ などの遷移金属塩や、過ヨウ素酸ナトリウム（$NaIO_4$）などのハロゲン酸化物が用いられる。いずれの酸化剤も遷移金属やハロゲンが高い酸化状態にあり、化合物の電子を奪うことで酸化剤自体は電子を受け取り還元される。このように、酸化反応は、反応剤の還元反応と一対で起こる。酸化反応は、電子が豊富な化合物において起こりやすい。

アルコールは、二電子酸化されることにより、アルデヒドになる。このとき、水素イオン 2 個も同時に脱離し、形式上水素原子 2 個が脱離した形となる。アルデヒドは、水分子存在下でさらに二電子酸化されることにより、カルボン酸になる（**図 14・8**）。このときは形式上、酸素原子が 1 つ付加した形となる。有機化合物の酸化反応では、このように水素原子が脱離する形式の場合と、酸素原子が付加する形式に大別される。

酸化反応では、有機化合物が電子を奪われて酸化され、電子が渡された酸化剤自体は還元される。見方を変えると、有機化合物は酸化剤に電子を与える反応を行っており、**還元剤**として働いていることになる。

有機化合物の還元反応では、電子の流れが酸化反応と逆になる。還元剤から有機化合物に電子が引き渡される。ケトンは、水素化金属塩（例えば水素化アルミニウムリチウム：$LiAlH_4$）により還元され、アルコールが生成する。このとき、還元剤から H^-（ヒドリドイオン）がケトン

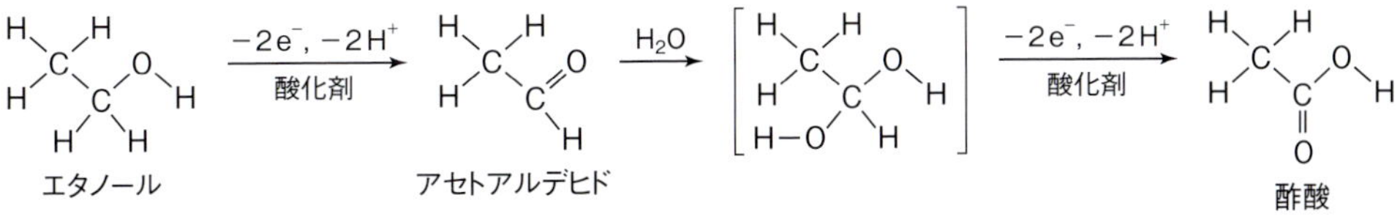

図 14・8　アルコール（エタノール）の酸化反応

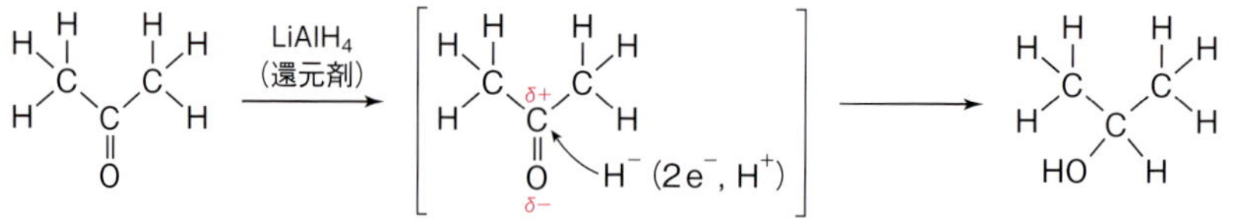

図14・9 ケトンの還元反応

に付加するため、付加反応の一種と見ることもできるが、ヒドリドイオンは2つの電子と1つの水素イオンに相当し、2電子の移動が起こっているため、還元反応でもある（図14・9）。

酸化反応や還元反応は電子の移動が重要であるので、反応剤ではなく、電極を用いて電気化学的に行うこともできる。このときは、陽極上では化合物から電子が奪われ酸化反応が進行し、陰極上では電子が別の化合物に与えられて還元反応が進行する。

COLUMN

D-グリセルアルデヒドの立体構造

19世紀には、炭素原子が4つの原子価を持って結合するとき、中心炭素に結合する原子の種類と結合の仕方が同じでも、立体的に配置の異なる2種類の化合物（鏡像異性体）がありうることが理論的に示されていた。また、このような化合物が光の偏光面を逆方向に回転させることも発見された。

20世紀初頭になると糖類の研究が盛んになった。糖類は、不斉炭素原子を含み、偏光面を回転させる性質があることがわかってきたが、ある糖類が実際にはどちらの鏡像異性体の構造をとっているかはわからなかった。偏光面をある方向に回転させる化合物が、実際にはどちらの鏡像異性体の構造をしているかは、当時は確かめる方法がなかったのである。

糖類研究の基本となる化合物グリセルアルデヒド（図）も、偏光面を異なる方向に回転させる2つの鏡像異性体があることが知られていたが、19世紀末から20世紀初頭に活躍したドイツの化学者フィッシャー（Emil Fischer）は、大胆な提案を行った。「偏光面を右向きに回転させるグリセルアルデヒドの鏡像異性体をD形（図を参照）の立体構造を持つということにしよう。」前述のように、当時は2つの鏡像異性体の立体構造を確かめる方法はなかったので、この提案は確率50％、すなわちまったくのあてずっぽうの提案であった。

1951年、オランダの結晶学者バフィット（Johannes Bijvoet）は、フィッシャーの賭けが当たりか外れかの答えを出した。このころにはX線回折法が開発され、化合物の真の立体構造を確かめることができるようになったのである。はたして、バフィットがグリセルアルデヒドの立体構造をX線回折法で調べると（実際には酒石酸という化合物のX線回折法による立体構造から導きだした）、みごとにフィッシャーの予想通りの構造であることがわかった。フィッシャーは科学史に残る大きな賭けに勝ったのである。もし、フィッシャーの予想が外れていたら、化学は大混乱していたであろう。フィッシャーは偉大な化学者であったと同時に、強運の持ち主でもあったようである。

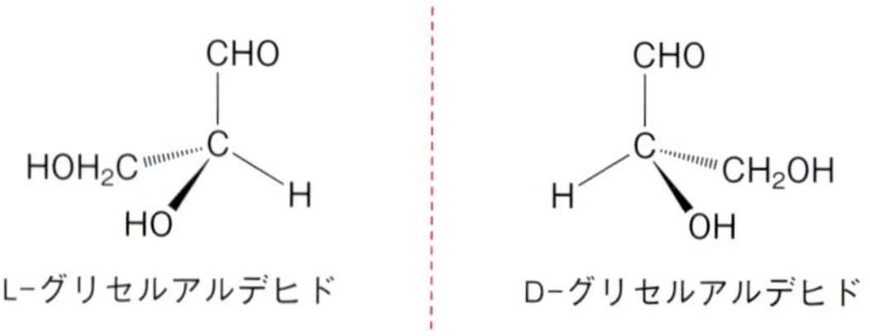

L-グリセルアルデヒド　　D-グリセルアルデヒド

図　グリセルアルデヒドの2つの鏡像異性体

■ 復習問題 ■

1. 直鎖アルカンの一種であるノナン（nonane）の構造式を、炭素原子の表示や水素原子の結合を省略する方法（図13・9（B）および（C）の最下段の表示方法）で表せ。
2. 分子式 C_5H_{12} である化合物について、考えられる全ての化合物の構造式を示せ。
3. *trans*-2-ブテン（図14・2参照）の構造を、問題1と同様の表示方法で表せ。
4. 分子式 C_3H_4 を持つ化合物の構造異性体を構造式で示せ。
5. 次のAの化合物の鏡像異性体とジアステレオマーをBの化合物群の中から選べ。

6. 右の化合物を穏やかに加熱すると、HBrが脱離する反応が起こり、二重結合を1つ持つ化合物（アルケン）が生じる。生成するアルケンの構造式を示せ。
7. 化合物Xは、分子式 C_5H_{10} で二重結合を1つ持ち、幾何異性体のうち *cis* 体の構造をしている。Xを構造式で表せ。
8. 右の化合物にシアン化物イオン（CN^-）を反応させて置換反応を行ったところ、臭素原子がシアン化物と置き換わった化合物が生成した。生成した化合物の構造式を示せ。
9. 右の化合物に塩化水素（HCl）を反応させると、塩化水素が二重結合に付加反応を起こした化合物が生じる。生じる化合物の構造を示せ。
10. 2-プロパノール（右の構造式の化合物：イソプロピルアルコールとも呼ぶ）を酸化剤と反応させて、酸化した。生じる化合物の構造を示せ。

● 国家試験類題 ●

1. 分子式 C_4H_9Cl の化合物には、立体異性体を含めていくつの異性体が存在するか。
    1. 1種類　　2. 2種類　　3. 3種類　　4. 4種類　　5. 5種類
2. エタノールに濃硫酸を作用させてエチレンを生成するとき、次のどの種類の反応が進行しているか。
    1. 置換反応　　2. 脱離反応　　3. 付加反応　　4. 酸化反応　　5. 異性化反応

第15章 基本的な生体分子

本章では、代表的生体分子4種の化学構造と性質を学ぶ。医薬品は生体分子を標的とするため、本章の内容は医薬品の働きを理解する基盤となる。具体的には、重要な生体高分子3種（タンパク質、多糖、核酸）と重要な生体小分子について学ぶ。生体高分子は複雑な構造をしているが、基本となる単純な分子構造がつながった繰り返し構造を持つ。ある種の医薬品は、重要な生体小分子に類似した構造を持つ。

15・1 重要な生体高分子 ①：タンパク質

生命現象に重要な役割を果たす分子の多くは高分子である。代表的な**生体高分子**はタンパク質、多糖、核酸、の3種であり、いずれも比較的単純かつ特徴的な分子同士が繰り返し結合した構造を持つ。本節では、タンパク質を紹介する。医薬品が標的とする生体分子は主としてタンパク質である。

15・1・1 アミノ酸

タンパク質は、**アミノ酸**を構成単位とするポリマーである。アミノ酸は塩基性のアミノ基 $-NH_2$ と酸性のカルボキシ基 $-COOH$ を併せ持ち、置換基（R）を有する[*1]。置換基（R）を**側鎖**と呼ぶ。

天然に最もよく見られる20種類のアミノ酸の構造を本書の裏見返しに掲載した。各アミノ酸には3文字と1文字の略号が存在し、汎用される。天然にはこれら20種以外にも多種のアミノ酸が存在しているが、それらの存在比は非常に低い。グリシン以外の19種のアミノ酸は、置換基が結合している炭素が不斉炭素であり、エナンチオマー（鏡像異性体）が存在する。アミノ酸の立体配置には通常 D, L 表記法が用いられ[*2]、ほとんどの天然アミノ酸が L 形の立体配置を持つ。体内で充分に合成できず、外部から摂取する必要があるアミノ酸を**必須アミノ酸**と呼ぶ。ヒトでは、裏見返しの表に * で示す9種である。

15・1・2 タンパク質中の共有結合

アミノ酸同士を結ぶ共有結合は、ペプチド結合とジスルフィド結合のみである（図15・1）。アミノ基とカルボキシ基が**ペプチド結合**を形成することで、アミノ酸が鎖状につながったタンパク質の基本構造ができる。タンパク質の両端にはアミノ基とカルボキシ基が存在し、前者を **N 末端**、後者を **C 末端**と呼ぶ。ジスルフィド結合はシステイン側鎖のチ

[*1] アミノ酸の構造

[*2] L-アミノ酸と D-アミノ酸

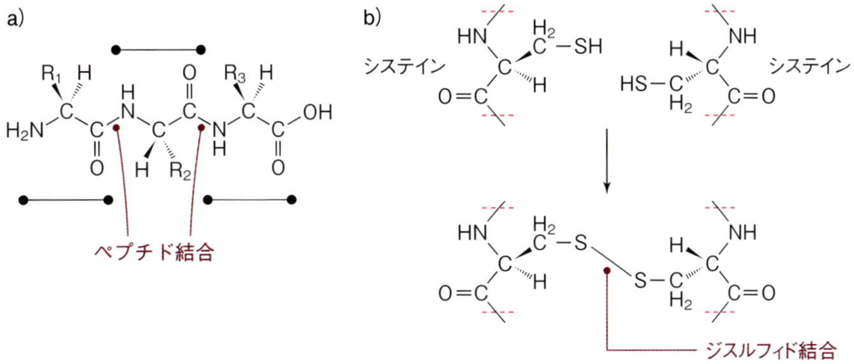

図15・1 タンパク質中のアミノ酸間の共有結合
(a) ペプチド結合、
(b) ジスルフィド結合

オール基 –SH 間に形成され、本来離れているペプチド鎖同士を結合したり、ペプチド鎖に環構造を導入したりできる。15・4・2項で後述するインスリンは、計三つのジスルフィド結合を持つ。

15・1・3 タンパク質の高次構造：一次構造・二次構造・三次構造・四次構造

タンパク質では、ペプチド鎖がコンパクトに折り畳まれて、安定な立体構造をとる。タンパク質のアミノ酸配列の順序を**一次構造**という。ペプチド鎖は、ペプチド結合中のC＝OとN–H間の水素結合や疎水性相互作用などにより、**二次構造**を形成する。代表的な二次構造に**α ヘリックス**と**β シート**があり、特徴的かつ規則的な水素結合を形成する（図15・2）。タンパク質は、α ヘリックスやβ シート、二次構造を形成していないランダムコイルが組み合わさった折り畳み構造をしており、その構造を**三次構造**と呼ぶ。二つ以上のペプチド鎖を持つタンパク質をオリゴマーと呼び、各ペプチド鎖をサブユニットという。各サブユニットの空間配置をタンパク質の**四次構造**という。サブユニット同士は疎水性相互作用や水素結合などで結合している。安定な立体構造をとることで、タンパク質は高度な機能を持つことができる。タンパク質の二次、三次、四次構造を総称して**高次構造**という[*3]。

15・2 重要な生体高分子 ②：多糖（炭水化物）

多糖は、単糖を構成単位とするポリマーである。糖は**炭水化物**とも呼ばれる。

15・2・1 単糖の鎖状構造

単糖は3〜6個の炭素原子からなり、末端炭素（C^1）またはその隣の

*3 タンパク質の変性
タンパク質の高次構造が破壊されることを**変性**という。変性によりタンパク質の機能は失われる。高次構造形成に用いられる結合は弱いものが多く、タンパク質は容易に変性する。変性を引き起こす条件には、pHの変化、界面活性剤、熱、尿素やグアニジン塩酸塩のような試薬、撹拌などがある。

*4 アルデヒドとケトン
　カルボニル基 -C(=O)- に結合する二つの置換基のうち、一つが炭化水素基、一つが H の場合をアルデヒド基 -CHO と呼ぶ。一方、両方とも炭化水素基の場合をケトン基 -C(=O)- と呼ぶ。アルデヒド基を持つ分子をアルデヒド R-CHO、ケトン基を持つ分子をケトン R-C(=O)-R' と呼ぶ。(炭化水素基を -R および -R' で示した。)

*5 代表的な単糖の構造

D-グルコース
[アルドース]

D-フルクトース
[ケトース]

D-リボース
[アルドース]

*6 フィッシャー投影式による単糖の表記

D-グルコース　　フィッシャー投影式

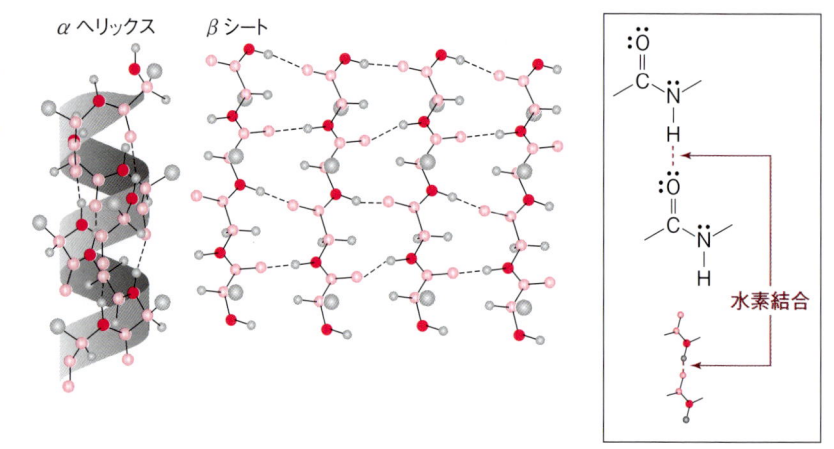

図 15・2　タンパク質の二次構造　α ヘリックスと β シート

炭素 (C^2) にカルボニル基 -C(=O)- を持つ。ほとんどの単糖では残りの炭素原子にヒドロキシ基 -OH が結合している。C^1 にカルボニル基を持つ単糖は、アルデヒド基を持つため、**アルドース**と呼ばれる。一方、C^2 にカルボニル基を持つ単糖は、ケトン基を持つため、**ケトース**と呼ばれる*4。代表的な単糖の構造を側注*5 に示す。単糖は、カルボニル基を上にして、垂直に書く。

　単糖の構造は、一般に**フィッシャー投影式**で表される*6。D-グルコースでは、C^2, C^3, C^4, C^5 が不斉炭素であり、$2^4 = 16$ 種類の立体異性体が存在する。複数の不斉炭素を持つ化合物にもフィッシャー投影式は適用でき、全ての水平な結合は手前にくる。単糖の場合もアミノ酸と同様に、通常 D, L 表記法が用いられ、「カルボニル基から最も離れた不斉炭素」の立体配置が D か L かを決定する。D-糖では OH 基が右側に、L-糖では左側に存在する*7。D と L は複数の立体中心を持つものを含め、全ての単糖の分類に用いられる。天然に存在するほとんどの糖は、D-糖である。天然に存在しない L-グルコースは D-グルコースのエナンチオマーであり、(カルボニル基から最も離れた不斉炭素だけでなく) 全ての不斉炭素が D-グルコースと逆の立体配置を持つ。

15・2・2　単糖の環状構造

　単糖は環状構造をとりうる。今まで、複数の OH 基とカルボニル基を持つ直鎖状の分子として記載してきたが、OH 基とカルボニル基が反応して、五員環または六員環の環状構造を形成しうる。一つの酸素原子を含む五員環を**フラノース**、六員環を**ピラノース**と呼ぶ。この命名は、酸

素原子を含む環状化合物のフランとピランに由来している*8。

単糖の環状構造の表記には、**ハース投影式**が適する(**図15・3**)。ハース投影式を用いることで、(フィッシャー投影式では難しかった)糖のOH基の立体化学を簡単に見分けることができる。単糖の環状構造では、直鎖構造では存在しなかった新たな不斉炭素が生成する。この不斉炭素を**アノマー炭素**と呼び、アノマー炭素の立体配置が異なる立体異性体をアノマーと呼ぶ。D-単糖のアノマー炭素原子(C^1)のOH基が下側を向いているアノマーをα-アノマー、上側を向いているアノマーをβ-アノマーと呼ぶ。

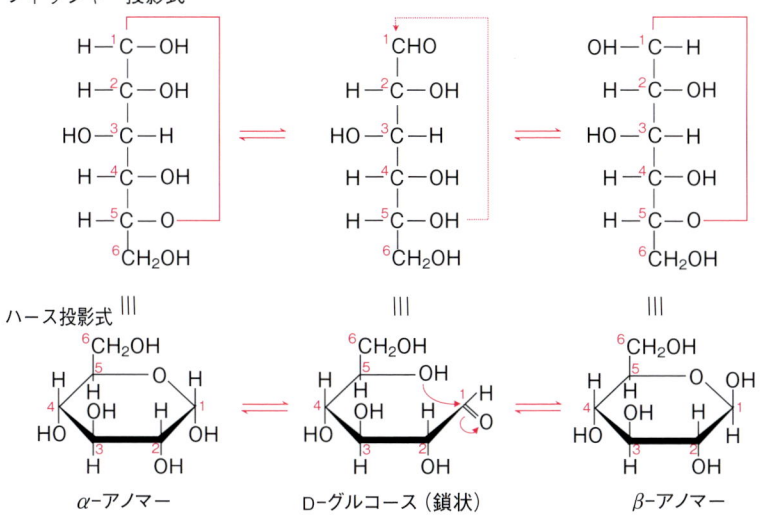

図15・3 D-グルコースの環状構造とアノマー

15・2・3 二糖と多糖

単糖が二つ結合したものは**二糖**と呼ばれ、結合した単糖の数によって三糖、四糖などと呼ばれる。一方の単糖のアノマー炭素と別の単糖のOH基が結合することで生成する**グリコシド結合**で結ばれている*9。代表的な二糖の構造を注*10に示す。**多糖**は、多くの単糖がグリコシド結合により結合したものである。代表的な多糖に、セルロース、デンプン、グリコーゲンがある*11。また、細胞の表面には短い糖鎖が存在し、細胞同士の認識などに関与している*12。

15・3 重要な生体高分子 ③：核酸

核酸は遺伝情報に関与する分子であり、**デオキシリボ核酸(DNA)**と

---

*7 D-グルコースと L-グルコース

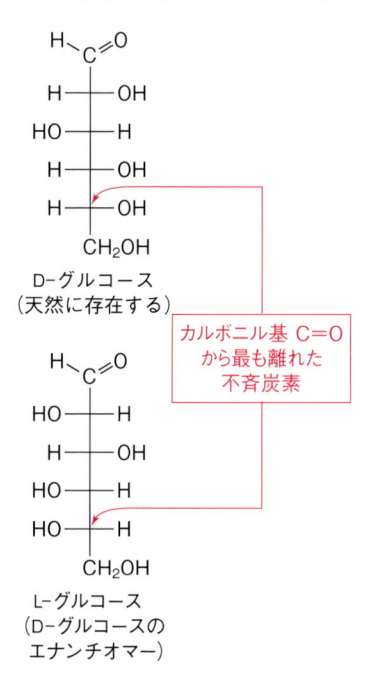

D-グルコース(天然に存在する)

カルボニル基 C＝O から最も離れた不斉炭素

L-グルコース(D-グルコースのエナンチオマー)

*8 フラノース環とピラノース環の構造

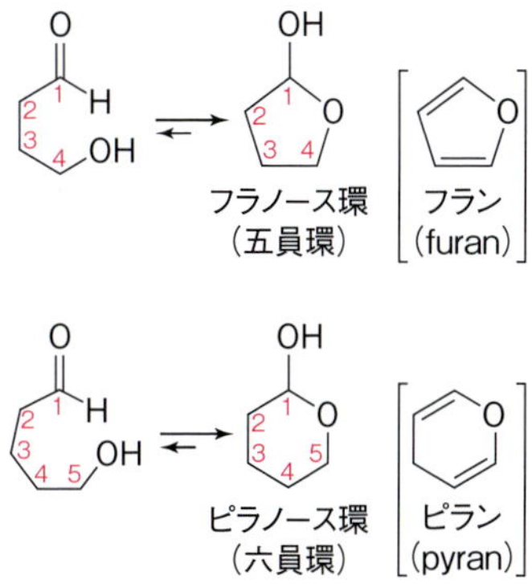

フラノース環(五員環) / フラン(furan)

ピラノース環(六員環) / ピラン(pyran)

*9 単糖間の多様な結合

グリコシド結合に関与するアノマー炭素は一つの単糖に一つしか存在しないが、α-アノマーとβ-アノマーという二種の立体異性体が存在する。加えて、グリコシド結合に関与できるOH基は、単糖に複数存在する。そのため、タンパク質や後述する核酸とは異なり、構成単位同士の結合のパターンは多数存在する。

*10 代表的な二糖の構造

マルトース　　　　　　　　　ラクトース　　　　　　　　　スクロース

グルコース　グルコース　　ガラクトース　グルコース　　グルコース　フルクトース

*11 多糖の役割

セルロースは植物の細胞壁に見られ、幹や茎を支え、硬くしている。セルロースは綿の主成分である。デンプンは植物の根や種子に含まれ、米や小麦、トウモロコシなどの穀物に大量に含まれている。グリコーゲンは、動物性デンプンとも呼ばれ、動物が多糖を貯蔵する際に生合成される。

*12 糖鎖の役割

糖鎖は細胞膜に存在するタンパク質と結合しており、細胞膜外に提示されている。糖鎖と結合しているタンパク質を糖タンパク質という。糖による修飾は、タンパク質中のアスパラギン、セリン、トレオニンが受けることが多い。

リボ核酸（**RNA**）の2種類がある。DNA は遺伝情報を保存する分子であり、RNA は遺伝情報をタンパク質へと変換する伝達分子である。

15・3・1　ヌクレオチド

核酸の構成単位は**ヌクレオチド**である（図 15・4）。いずれも「糖」「塩基」「リン酸」部位を持つ。「糖」部位には、**2′-デオキシ-D-リボース**と **D-リボース**の2種があり、DNA は前者を、RNA は後者を持つ。「塩基」部位には、アデニン、グアニン、シトシン、チミン、ウラシルの5種があり、順に A, G, C, T, U と略称される。DNA には A, G, C, T が、RNA には A, G, C, U が含まれる。A と G はプリン誘導体であるため**プリン塩基**、C, T, U はピリミジン誘導体であるため**ピリミジン塩基**と呼ぶ。「リン酸」部位は DNA, RNA に共通する。「リン酸」部位を持たないヌクレオチドを**ヌクレオシド**と呼ぶ。

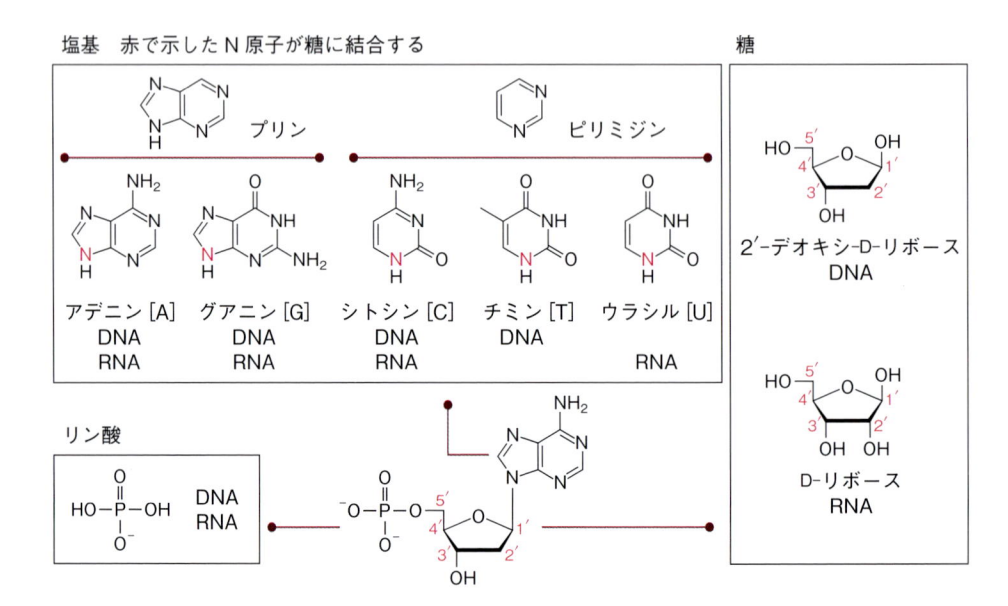

図 15・4　ヌクレオチドの構造

15・3・2　DNA の構造

核酸は、ヌクレオチドがリン酸ジエステル結合でつながった高分子化合物である（**図 15・5a**）。**リン酸ジエステル結合**は、一つのヌクレオチドの 3′-OH 基と次のヌクレオチドの 5′-リン酸が結合した構造である。核酸の両端には、5′-リン酸と 3′-OH 基が存在し、前者を **5′ 末端**、後者を **3′ 末端**と呼ぶ[*13]。DNA は、2 本の DNA 鎖が対になり、一定の直径を持つ**二重らせん構造**をとる（**図 15・5b**）。2 本の DNA 鎖は逆平行、

*13　5′ 末端と 3′ 末端
核酸を構成する糖部分の炭素には 1′〜5′ まで番号が付いており（図 15・4 参照）、置換基の位置を特定するために用いられる。DNA や RNA 分子の一方の端は 5′ 炭素に付いたリン酸基であり、5′ 末端と呼ぶ。もう一方の端は 3′ 炭素に付いた遊離 -OH 基であり、3′ 末端と呼ぶ。核酸の方向性を示す指標として用いられる。

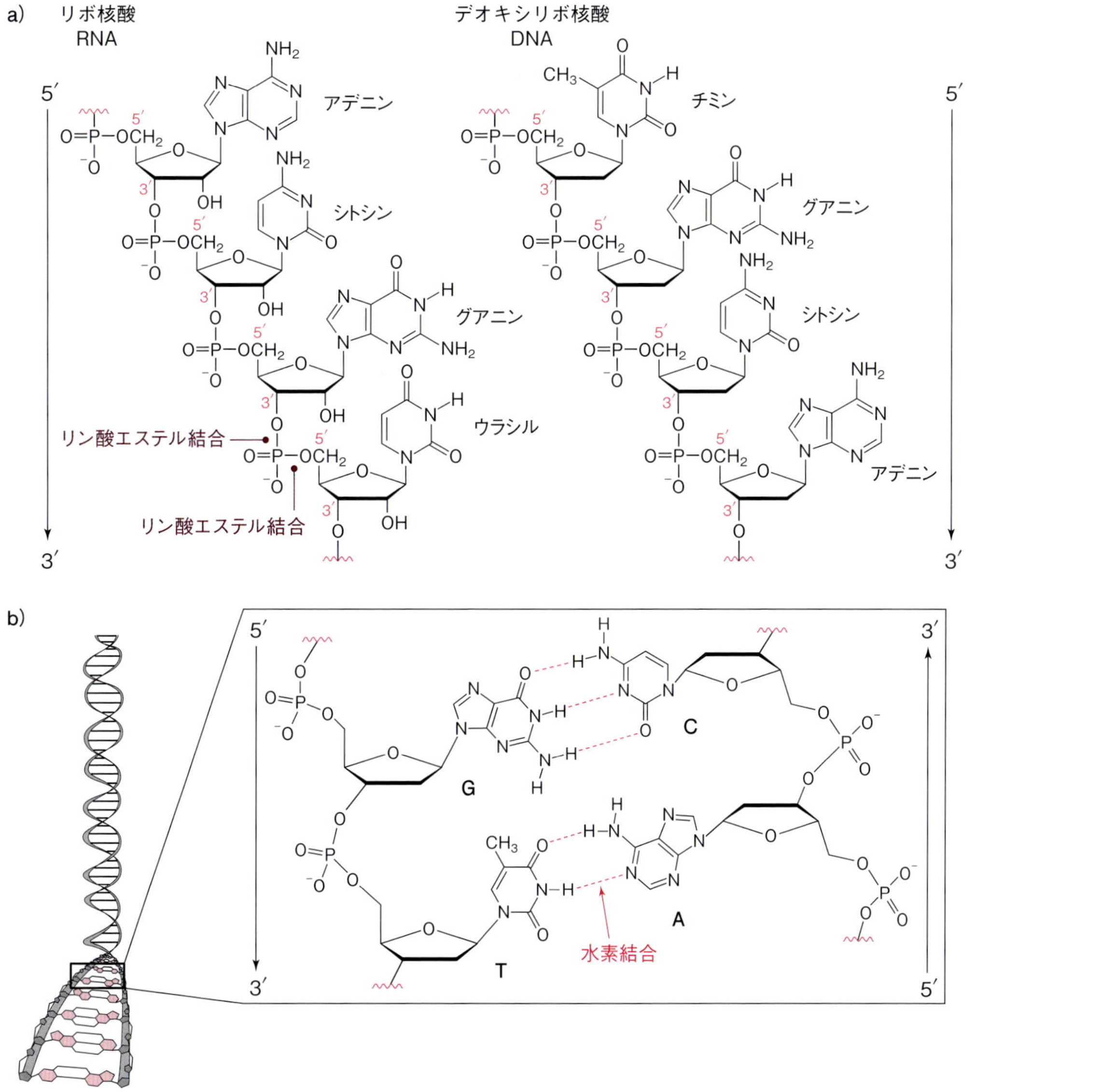

図 15・5　核酸の構造　(a) RNA と DNA の部分構造、(b) DNA の二重らせん構造
『スミス基礎有機化学（第 3 版）下』（化学同人，2013）の図を参考に作図。

すなわち1本は5′末端から3′末端、もう一方は3′末端から5′末端の方向で対を作っている。片方の鎖上の塩基は、他方の鎖上の塩基と水素結合し、**塩基対**を形成している。塩基対は必ずアデニンとチミン (A-T)、グアニンとシトシン (G-C) というペアで形成され、**相補的塩基対**と呼ばれる。

15・3・3　RNA の構造

RNA は、DNA よりもずっと短く、通常 一本鎖である。アデニンとウラシル (A-U)、グアニンとシトシン (G-C) 間で塩基対を形成できるため、一本鎖の分子内に部分的にらせん状の構造をとりうる。

15・4　重要な生体小分子

15・4・1　脂　質

脂質は、有機溶媒に溶ける生体分子である。今まで見てきた生体分子は、特定の官能基が存在するなど、化学構造の特徴で分類されていた。脂質はこれらの定義とは異なり、物理的性質に基づいた定義である。そのため、多様な構造の脂質が存在し、その働きも多岐にわたる。いずれの脂質も多くの炭素-炭素結合、炭素-水素結合を持つが、全ての脂質に共通する官能基はない。脂質は有機溶媒によく溶け、水には溶けない。単糖やアミノ酸が水に溶けやすいのと対照的である。

脂質は加水分解できるものとできないものに分類できる。加水分解できる脂質には「ろう」「トリアシルグリセロール」「リン脂質」があり、加水分解を行うことで、より小さな分子に分解できる。加水分解できない脂質には「ステロイド」「脂溶性ビタミン」「エイコサノイド」「テルペン」がある。

ろう[*14] は、高分子量のアルコール R′-OH と脂肪酸 R-COOH から生成するエステル R-COO-R′ である。R および R′ ともに長い炭素鎖である。加水分解できる脂質の中で、最も単純な構造を持ち、加水分解によりアルコールと脂肪酸を与える。**トリアシルグリセロール**[*15] は最も豊富に存在する脂質で、加水分解によりグリセロールと3分子の脂肪酸を生成するトリエステルである。トリアシルグリセロールはエネルギーの貯蔵に用いられる。**リン脂質**はリン原子を含む加水分解可能な脂質であり、ホスホアシルグリセロール[*16] とスフィンゴミエリン[*17] が代表的な分子である。前者はグリセロール誘導体、後者はスフィンゴシン誘導体である。両者とも細胞膜を構成する。

加水分解できない脂質のうち、ステロイド (15・4・2項) と脂溶性ビ

タミン（15・4・3項）については後述する。エイコサノイド[18]は非常に強い生理活性を持つ。プロスタグランジン、ロイコトリエン、トロンボキサン、プロスタサイクリンなどがある。テルペン[19]は、炭素5個からなるイソプレンを構成単位とする脂質で、メントールなど精油の多くはテルペンである。後述するビタミンAはテルペンでもある。

15・4・2 ホルモン

ホルモンは内分泌腺で合成・分泌される化学伝達物質で、刺激に応じて直接血液中に放出される。血流によって目的の器官に運ばれ、そこでの反応を制御する。さまざまな構造の分子がホルモンとして働くが、その化学構造からペプチドホルモン、アミノ酸誘導体ホルモン、ステロイドホルモンの3種に分類される。前二者の例を**図15・6**に示す。

ステロイドホルモンは、性差や代謝を調節する重要なホルモンである。ステロイドは脂質の一つであり、細胞膜を透過できる。ステロイド骨格は四環性の構造を持ち、三つの六員環（A〜C環）と一つの五員環（D環）からなる[20]。動物に最も多く含まれるステロイドはコレステロール[21]である。コレステロールは細胞膜に含まれる他、ステロイドホルモンの前駆体として働く。ステロイドホルモンには女性ホルモン、男性ホルモン、副腎皮質ホルモン、などがある[22]。

[18] エイコサノイドの例
プロスタグランジン F$_{2α}$

[19] テルペンの例
l-メントール
イソプレン

[20] ステロイド骨格

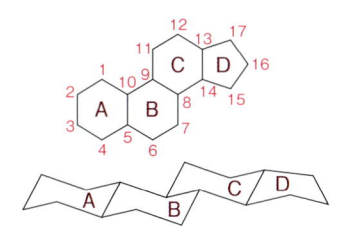

図15・6 ペプチドホルモンとアミノ酸誘導体ホルモン

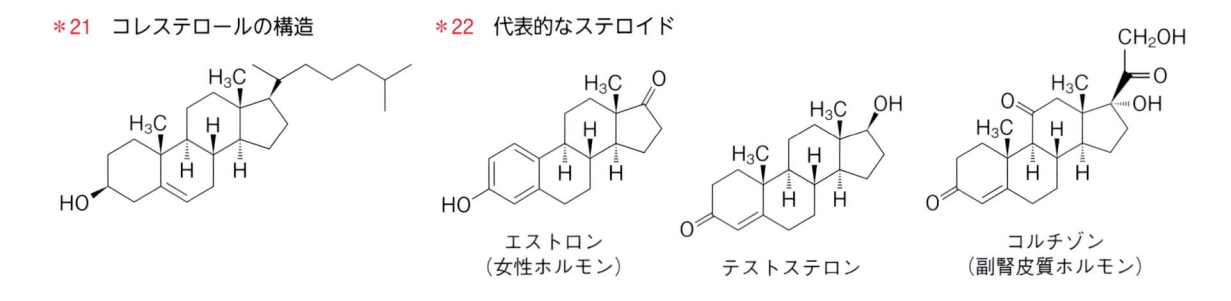

インスリン（ペプチドホルモン）
アドレナリン（アミノ酸誘導体ホルモン）

[21] コレステロールの構造

[22] 代表的なステロイド
エストロン（女性ホルモン）
テストステロン
コルチゾン（副腎皮質ホルモン）

15・4・3 ビタミン

正常な体の機能を保つうえで微量だけ必要な化合物のうち、炭水化物・タンパク質・脂質以外の有機化合物を**ビタミン**という。ビタミンにはさまざまな構造のものがあるが、その溶解性から**脂溶性ビタミン**[23]と**水溶性ビタミン**[24]に分類される。脂溶性ビタミンにはA, D, E, K、水溶性ビタミンにはB群（B_1, B_2, B_3, B_5, B_6, B_7, B_9, B_{12}）とCがある。脂溶性ビタミンは脂質の一つである。ビタミンは、体内では合成されない、あるいは必要量合成されないため、食物から摂取する必要がある。

ビタミンB群およびKは**補酵素**と呼ばれる分子の原料となる。補酵素は、酵素の触媒能を助ける有機化合物で、多くの酵素が補酵素を必要とする。このため、ビタミンが不足すると、対応する酵素の働きが低下して欠乏症を起こすことがある。ビタミンとビタミンから生合成される補酵素、欠乏症を**表15・1**に示す。ヒトのビタミンは13種類が知られている。

[23] 脂溶性ビタミンの例

レチノール（代表的なビタミンA）

[24] 水溶性ビタミンの例

ビタミンC

表15・1 ビタミンと対応する補酵素および欠乏症

ビタミン	補酵素	欠乏症
水溶性		
ビタミンB_1（チアミン）	チアミン二リン酸	脚気
ビタミンB_2（リボフラビン）	フラビン補酵素	
ビタミンB_3（ナイアシン）	ニコチンアミド補酵素	ペラグラ
ビタミンB_5（パントテン酸）	補酵素A	
ビタミンB_6（ピリドキサール）	ピリドキサールリン酸	
ビタミンB_7（ビオチン）	ビオシチン	
ビタミンB_9（葉酸）	テトラヒドロ葉酸	巨赤芽球性貧血
ビタミンB_{12}（シアノコバラミン）	コバラミン補酵素	悪性貧血
ビタミンC（アスコルビン酸）		壊血病
脂溶性		
ビタミンA（レチノール）		夜盲症
ビタミンD（エルゴカルシフェロール, コレカルシフェロール）		くる病
ビタミンE（トコフェロール）		
ビタミンK（フィロキノン, メナキノン）	ビタミンK	出血

COLUMN

甘い分子：どんな分子が甘いのか？

サトウキビに含まれるスクロース（二糖）は心地よい甘みがあり、卓上糖など、さまざまな食品に使われている。だがスクロースは、他の糖類同様、カロリーが高い。そこで、カロリー摂取量を減らせる人工甘味料が開発されてきた。スクロース、アスパルテーム、サッカリンがその代表である。これらの分子はスクロースより甘く、ごく少量で甘味を感じる。

人工甘味料はどのように開発されたのだろうか？ スクロースは比較的糖類の構造に近く見えるが、アスパルテームはジペプチドであるし、サッカリンはスクロースと似ても似つかない。答えは、全て「偶然」である。スクロースは1976年に発見された。指導教授が「合成した化合物をテスト（test）してくれ」と指示したのを、学生が「味見（taste）」と聞き違え、舐めてみたことから発見された。アスパルテームは1965年に、ある化学者が実験室で汚れた手をうっかり舐めたことで発見された。アスパルテームはジペプチドであり、アミノ酸由来の二つの不斉炭素を持つ。甘いのは天然型のL-Asp, L-Phe由来の立体異性体のみで、他のエナンチオマー・ジアステレオマーは苦みを持つ。サッカリンは最も古くから知られている人工甘味料で、1879年に、ある化学者が実験を終えた後、手を洗い忘れたために発見された。

人工甘味料は非常に高い市場性を持つが、新規化合物を口に入れるのは極めて危険な行為であり、決して行ってはならない。

図　代表的な人工甘味料の化学構造

■ 復習問題 ■

1. 以下の化合物のうち、D-糖はどれか？　全て答えよ。

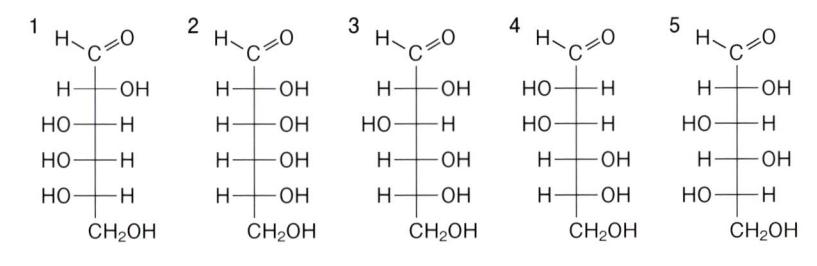

2. 問題1の化合物4のα-アノマーをハース投影式で書け。

3. 硫黄原子を持つアミノ酸を答えよ。

4. 不斉炭素を二つ持つ必須アミノ酸を答えよ。

5. 次ページの問題8の化合物3は、ピラノースとフラノースのいずれか？

第15章 基本的な生体分子

6. DNA が二重らせん構造を形成しているとき、下記の構造中で、水素結合の受容体として働く官能基に A、供与体として働く官能基に D と記せ。

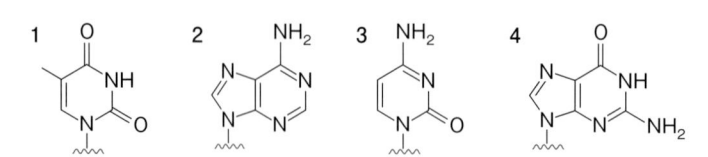

7. グルタミン酸中の各官能基の pK_a は以下の通りである。次に示す pH におけるグルタミン酸の主要な構造を描け。
 1. pH = 0 2. pH = 3 3. pH = 6 4. pH = 11

pK_a = 9.67 → H_3N^+ COOH ← pK_a = 4.25
              COOH ← pK_a = 2.19

8. 以下の化合物のうち、脂質はどれか？

9. DNA の塩基対（A-T、G-C）間に存在する水素結合は何本か？

10. タンパク質の以下の構造を規定する結合は何か？
 1. 一次構造 2. 二次構造

● 国家試験類題 ●

1. 核酸塩基であるアデニンとグアニンに共通する複素環骨格はどれか？

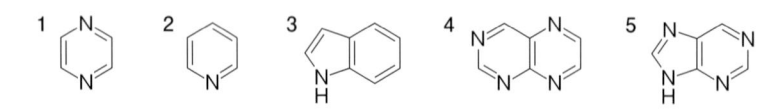

2. タンパク質の翻訳後修飾において、糖鎖による修飾を受けるアミノ酸残基はどれか？
 1. L-アラニン   2. L-システイン   3. L-トリプトファン
 4. L-アスパラギン   5. L-グルタミン酸

3. ヒトの必須アミノ酸はどれか？
 1. L-プロリン   2. L-グルタミン   3. L-セリン   4. L-アスパラギン   5. L-リシン

演習問題解答

第1章　原子構造
復習問題

1.

	陽子の数	中性子の数	電子の数	質量数	原子番号
A	20	20	20	40	20
B	53	74	53	127	53

2. 陽子数が同じで中性子数が異なるものを同位体という。安定同位体とは原子核が変化しないものをいい、放射性同位体とは原子核が不安定で放射線を放出しながら他の元素へ変化するものをいう。

3. 電子は粒子のみならず波の性質も持っている。そのため、その波の波長の整数倍の円周のところしか円運動をすることができない（定常波になることができない）。

4. 軌道電子を、電子の存在する確率で示したもの。

5. A：63 g　　B：0.5 mol　　C：1.5×10^{23} 個

6. α 崩壊、β^- 崩壊、β^+ 崩壊、軌道電子捕獲、γ 崩壊

7. 軌道電子捕獲（EC）が起こった後にできるK殻上の軌道電子の空席に、その外側の軌道電子が落ち込むことで放出される電磁波。

8. $^{14}_{6}C \xrightarrow{\beta^-(e^-)} {}^{14}_{7}N$

9. $2n^2$ 個

10. s軌道：1種　　p軌道：3種　　d軌道：5種

国家試験類題
1. A, C
2. A, B

第2章　電子配置と原子の性質
復習問題

1. 1つの軌道に収容できる電子は最大で2個であり、同じ軌道に2個の電子が収容される場合は、互いに自転（スピン）の方向が逆にならなければならないという規則。

2. エネルギーが等しい軌道が複数あるとき、電子は自転（スピン）の向きを同じにして別々の軌道に収容されるという規則。

3. エネルギーの高い軌道に収容されている電子。典型元素では、最外殻電子が価電子となる。

4. 最外殻に電子が定数まで満たされた状態。

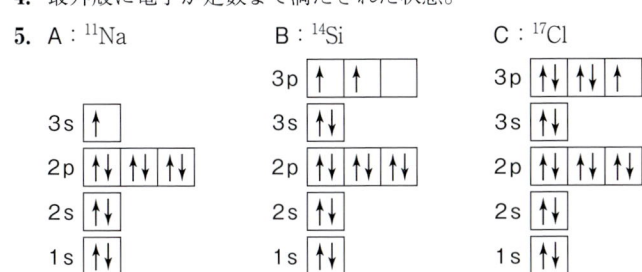

5. A：^{11}Na　　B：^{14}Si　　C：^{17}Cl

146 演習問題解答

6. A : ·Mg·　　B : ··P̈·　　C : :F̈:
7. 原子の最外殻軌道から電子を1個取り除くときに必要とされるエネルギー。
8. 原子が電子1個を受け取って陰イオンになるときに放出されるエネルギー。
9. 17族元素は、電子を1個もらうことで最外殻の電子が定数まで満たされた閉殻構造になるため。18族元素はすでに閉殻構造をとっているため、新たに電子をもらうことができない。
10. A：酸素（O）　　B：マグネシウム（Mg）　　C：アルミニウム（Al）

国家試験類題
1. D, E
2. C, E

第3章　周期表
復習問題
1. 性質の似ている元素が縦に並ぶように、原子を原子番号順で並べた表のこと。
2. アルカリ金属やアルカリ土類金属などの元素を含む化合物を炎の中に入れると、その元素に特有の色が炎に現れる現象のこと。未知化合物に含まれる金属の推定などに用いられる。
3. 12族の元素は、d軌道に10個の電子が収容されることでd軌道が閉殻し、遷移元素としての性質をほとんど示さない。そのため典型元素に分類される。
4. Ca, Sr, Ba, Ra
5. ① 全て金属元素である。② 陽イオンになりやすい。③ 酸化還元反応によって原子価が多様に変化する。④ 配位化合物（**錯体**という）を作る。
6. 原子番号が大きくなるほど正電荷を持つ陽子の数が増加し、負電荷の電子をより強く原子核に引き寄せるため、18族元素まで原子が小さくなる。18族元素から原子番号が1つ増えると、外側の殻の軌道に新たに電子が収容されるため、原子が大きくなる。これを繰り返すため。
7. 陽イオンになると軌道電子より原子核の正電荷が相対的に多くなるため、より強く軌道電子を原子核に引きつけ原子半径が小さくなる。陰イオンになると軌道電子の数が原子核の正電荷よりも相対的に多くなるため、原子核から電子が離れ原子半径が大きくなる。
8. 同じ周期の元素を比べるならば、1族に近づくほど電子を放出して安定な閉殻構造をとりやすいため、イオン化エネルギーが低下する。また同族元素で比べるならば、原子番号が大きくなるに従い電子は原子核から離れるため、電子と原子核の引き合う力が弱くなりイオン化エネルギーは低下する。
9. 18族元素は、すでに安定な閉殻構造で存在しているため電子の放出は極めて困難である。そのためイオン化エネルギーが非常に高くなる。
10. 同じ周期の元素を比べるならば、1族に近づくほど電子を放出して安定な閉殻構造をとりやすいため、陽イオンになりやすく電気陰性度が低い。また同族元素で比べるならば、原子番号が大きくなるに従い電子は原子核から離れるため、電子と原子核の引き合う力が弱くなり電気陰性度も低下する。

国家試験類題
1. E
2. A, C

第4章 化学結合

復習問題

1. 右の図の通り。H:Cl̈: (H· + ·C̈l: ⟶ H:C̈l:)

   水素原子と塩素原子が価電子を1つずつ共有してH−Cl結合を形成する。塩素のその他の電子（非共有電子対）は、この共有結合には関与しないので、図のように2つずつペアにして、Clの周囲に記述する。

2. A：F B：N C：N 電気陰性度の大きい原子の方に偏る。

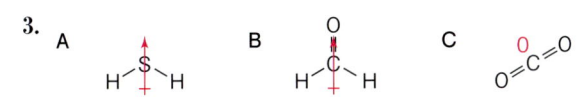

3.
   A H−S−H   B H−C(=O)−H   C O=C=O

   Aでは、H−S結合が示す分極のベクトルを図4・5と同様に合成すると、赤い矢印で示した双極子モーメントとなる。Bでは、H−C、C=Oの2種類の結合の分極があるが、同様に分極を示すベクトルを合成すると、垂直成分のみが残る。Cでは、2カ所のC=O結合が平行に向かい合っていて、大きさが同じで向きが正反対の分極となるため、2つのベクトルを合成すると0になってしまう。

4. 水素結合、双極子相互作用（双極子−双極子相互作用）、ファンデルワールス力（ロンドン力）、疎水性相互作用、π-πスタッキング

5. プロトン供与体として働くもの：Bヒドロキシ基、Dカルボキシ基、Eアミノ基
   プロトン受容体として働くもの：A〜Eの全て
   ヒドロキシ基やアミノ基、カルボキシ基（COOHの形）は、プロトン供与体としても受容体としても働く。ただし、それぞれの場合で重要な原子は異なる。プロトン供与体の場合は、分極した結合を持つ水素原子が重要であり、プロトン受容体の場合は、非共有電子対を持つ電気陰性度の高い原子が重要である。

6. 窒素原子の電子配置：$(1s)^2 (2s)^2 (2p_x)^1 (2p_y)^1 (2p_z)^1$
   窒素原子はフッ素よりも電子が2つ少ない。第2章で学んだように、電子は、エネルギーが低い軌道に順に入っていき、同じエネルギーの軌道があればそれらの軌道に1つずつ入っていく。$2p_x$、$2p_y$、$2p_z$の3つの軌道は同じエネルギーなので、解答のようになる。

7. O^{2-}：$(1s)^2 (2s)^2 (2p_x)^2 (2p_y)^2 (2p_z)^2$

8.
   　　H
   H:N̈:H

9. ネオン原子の最外殻は8個の電子を持ち、閉殻構造をとっている。二原子分子となるときの分子軌道を考えると、ヘリウム原子（図4・4参照）と同様に、結合性分子軌道のみならず、反結合性分子軌道にも電子が入ることになってしまい、エネルギーの安定化が起こらないので、結合が生成しない。したがって、二原子分子は生成しない。

10. 一般に金属の単体は金属結合している。金属結合では、価電子が自由電子となって金属の結晶中を自由に移動できる。電気は電子の流れであるので、価電子が自由に移動でき電子の流れが生じやすい金属は一般に電気を通しやすい。

国家試験類題

1. 3. (b, e)
2. 4. (c, d)

第5章　物質の状態
復習問題
1. 蒸発、凝縮、昇華、凝固、融解、超伝導状態への転移　など。
2. 沸点、融点、昇華点、臨界温度　など。
3. 氷、液体、水蒸気が共存する。氷水が沸騰する。
4. 融けて液体の水になる。
5. 分子としての体積、分子間力を失った状態。質点状態。
6. 液体の分子運動が激しくなり、空中に飛び出す分子が多くなるので、空気中での分圧が高まる。
7. 結晶は規則性を保った状態。アモルファスは規則性を失った液体と同じ状態。
8. 液晶分子が結晶となって液晶性を失うため、モニター機能が喪失する。温度を上げれば液晶状態を回復し、モニター機能も回復する（だろう）。
9. リン脂質は脂肪酸に基づくアルキル基を2個持っているため。
10. 普通の分子膜における両親媒性分子と同じように、細胞膜内を移動し、また、細胞膜から離脱したモノマー状態との間に平衡関係が成立する。

国家試験類題
1. B，C，D
2. D

第6章　溶液の化学
復習問題
1. 水素結合、ファンデルワールス引力。
2. アマルガム。
3. 水と反応して炭酸となるため。$CO_2 + H_2O \rightarrow H_2CO_3$
4. 結晶状態で存在した分子間力を破壊するため。
5. アセトンとクロロホルムの間に静電引力に基づく強固な分子間力が働くため。
　　$(CH_3)_2C=O\cdots H-CCl_3$
6. 凝固点降下によって水の凝固点が下がり、0℃で凍らなくなる。
7. 白菜の水分が、半透膜である細胞膜を通って体外に出るため。
8. 電離度は、電解質分子のうち、電離したものの割合である。そのため、電解質分子の濃度に依存する。電離定数は電離反応の平衡定数なので、濃度に影響されない。
9. ゾル：コロイド粒子が溶液状になったもの（ゼラチン水溶液）。
　　ゲル：ゾルが固化したもの（ゼリー）。
10. コロイド溶液に大量の電解質を加えて固化させること。豆乳 + ニガリ → 豆腐。

国家試験類題
1. A：誤り　　B：正しい
2. A，B共に正しい

第7章　酸・塩基

復習問題

1. $^-$Br, HCO$_3^-$, SO$_4^{2-}$, CH$_3$CH$_2$O$^-$, CH$_3$CH$_2$COO$^-$, HPO$_4^{2-}$, $^-$NH$_2$

2. $^+$NH$_4$, CH$_3$OH, CH$_3$COOH, HCl, H$_3$PO$_4$, HNO$_3$, H$_2$O

3. a) pH = $-\log$ [H$^+$] = $-\log 0.1$ = $-\log 10^{-1}$ = 1
   b) pH = $-\log$ [H$^+$] = $-\log 0.001$ = $-\log 10^{-3}$ = 3
   c) pH = $-\log$ [H$^+$] = $-\log 10^{-10}$ = 10
   d) pHを求めるには [H$^+$] を知る必要があるため、水のイオン積 [H$_3$O$^+$][$^-$OH] = 1.0×10^{-14} が一定であることを利用する。
   [$^-$OH] = 0.001 mol/L なので、[H$^+$] = 10^{-14}/[$^-$OH] = $10^{-14}/10^{-3}$ = 10^{-11}
   pH = $-\log$ [H$^+$] = $-\log 10^{-11}$ = 11

4. pH が 4 の HCl 水溶液中では、[H$^+$] = 10^{-4} である。この水溶液を水で 100 倍に希釈すると、[H$^+$] = 10^{-4}/100 = 10^{-6} となる。この溶液の pH は、pH = $-\log$ [H$^+$] = $-\log 10^{-6}$ = 6 となる。

5. 強塩基の共役酸は弱酸、弱塩基の共役酸は強酸である。そのため、H$_2$O のほうが NH$_3$ よりもはるかに強い酸である。

6. pK_a が 4.6 の化合物：pK_a が小さいほど、より強い酸である。
   K_a が 2.5×10^{-4} の化合物：K_a が大きいほど、より強い酸である。

7. 各化合物の解離しうるプロトンの pK_a と溶液の pH には、ヘンダーソン-ハッセルバルヒ式の関係がある。

$$pK_a = pH + \log \frac{[H\text{-}A]}{[A^-]}$$

   すなわち、pK_a が pH よりも大きいとき [H-A]>[A$^-$]、pK_a が pH よりも小さいとき [H-A]<[A$^-$] となる。よって、CH$_3$COO$^-$, $^-$Br, CH$_3$$^+NH_3$, CH$_3CH_2$OH となる。

8. ヘンダーソン-ハッセルバルヒ式より、

$$CH_3CH_2COOH + H_2O \rightleftharpoons CH_3CH_2COO^- + H_3O^+$$

$$pK_a = pH + \log \frac{[CH_3CH_2COOH]}{[CH_3CH_2COO^-]}$$

   イオン形（脱プロトン化体）と分子形（プロトン化体）の比が 1:1 となるとき、[CH$_3$CH$_2$COOH]/[CH$_3$CH$_2$COO$^-$] = 1。log$_{10}$1 = 0 であるから、pK_a = pH。すなわち、pH = 4.9 のとき 1:1 となる。
   イオン形（脱プロトン化体）と分子形（プロトン化体）の比が 1:100 となるとき、[CH$_3$CH$_2$COOH]/[CH$_3$CH$_2$COO$^-$] = 100 = 10^2。log$_{10}$10^2 = 2 であるから、pK_a = pH + 2。すなわち、pH = 4.9 − 2 = 2.9 のとき 1:100 となる。

9. pK_a が大きいほど、酸性度は低下する。pK_a=16 の酸の K_a は 10^{-16} で、pK_a=5 の酸の K_a は 10^{-5} である。pK_a=16 の酸は pK_a=5 の酸と比べ、$10^{-5}/10^{-16}$ = 10^{11} 倍弱い酸である。

10. 以下の化学反応が進行し、胃酸中の HCl を中和するためである。炭酸 H$_2$CO$_3$ と水 H$_2$O、二酸化炭素 CO$_2$ 間に平衡があることに注意しよう。

$$2HCl + CaCO_3 \rightleftharpoons CaCl_2 + H_2CO_3 \rightleftharpoons CaCl_2 + H_2O + CO_2\uparrow$$

国家試験類題

1. 弱酸 H-A は水溶液中で以下のような平衡を持つとする。

$$\text{H-A} + \text{H}_2\text{O} \rightleftharpoons \text{A}^- + \text{H}_3\text{O}^+$$

ヘンダーソン-ハッセルバルヒ式より、

$$pK_a = \text{pH} + \log \frac{[\text{H-A}]}{[\text{A}^-]}$$

pH = pK_a + 2 であるから、

$$pK_a = pK_a + 2 + \log \frac{[\text{H-A}]}{[\text{A}^-]} \qquad \log \frac{[\text{H-A}]}{[\text{A}^-]} = -2 \qquad \frac{[\text{H-A}]}{[\text{A}^-]} = 10^{-2}$$

となる。よって、分子形：イオン形 = 1：100。

2. リン酸は 3 価の酸であり、水中では以下の三種の平衡を持つ。放出された H_3O^+ が水酸化ナトリウムと反応するが、その際、pK_a が小さい、放出されやすいプロトンから順に放出されていく。

$$\text{H}_3\text{PO}_4 + \text{H}_2\text{O} \rightleftharpoons \text{H}_2\text{PO}_4^- + \text{H}_3\text{O}^+ \qquad pK_{a1} = 2.12$$
$$\text{H}_2\text{PO}_4^- + \text{H}_2\text{O} \rightleftharpoons \text{HPO}_4^{2-} + \text{H}_3\text{O}^+ \qquad pK_{a2} = 7.21$$
$$\text{HPO}_4^{2-} + \text{H}_2\text{O} \rightleftharpoons \text{PO}_4^{3-} + \text{H}_3\text{O}^+ \qquad pK_{a3} = 12.32$$

水酸化ナトリウムは 1 価の塩基である。0.20 mol/L の水酸化ナトリウム水溶液 300 mL が受け取ることができるプロトンは、0.20 × 0.30 × 1 = 0.060 mol である。リン酸は、pK_a が小さいプロトンから順次放出するため、一つ目の平衡から生じるプロトン 0.040 mol は全て、二つ目の平衡から生じうるプロトン 0.040 mol のうち半分の 0.020 mol のプロトンが反応することになる。すなわち、二番目の平衡において、[H_2PO_4^-] と [HPO_4^{2-}] が等しい状態にある。二番目の平衡におけるヘンダーソン-ハッセルバルヒ式より、

$$pK_{a2} = \text{pH} + \log \frac{[\text{H}_2\text{PO}_4^-]}{[\text{HPO}_4^{2-}]}$$

[H_2PO_4^-] = [HPO_4^{2-}] であるため、溶液の pH = pK_{a2} = 7.21。

3. 正解は 4。ルイス酸は、電子対の受容体である。そのため、電子が不足していて、電子対を受け取ることができる化学種がルイス酸として働く。AlCl_3 や BF_3 があげられる。これらは価電子が充填されていない軌道を持ち、電子対を受け取ることができる。

第8章　酸化・還元
復習問題

1. $\text{H}_2\underline{\text{S}}$：−2、$\underline{\text{S}}\text{O}_2$：+4、$\underline{\text{S}}\text{O}_3$：+6、$\text{H}_3\underline{\text{P}}\text{O}_4$：+5、$\text{H}_2\underline{\text{S}}\text{O}_4$：+6、$\underline{\text{Ca}}\text{O}$：+2、$\underline{\text{Ca}}(\text{OH})_2$：+2、$\text{Na}\underline{\text{H}}$：−1。
2. 酸化されたもの：Fe、還元されたもの：O。
3. 酸化剤：C、還元剤：H。
4. 水素 H_2。
5. 亜鉛が溶けだし、亜鉛の表面に銀が析出する。
6. アルミニウムが溶けだし、アルミニウムの表面に鉛が析出する。
7. H が Zn よりイオン化傾向が小さいため。
8. 正極に電子が溜まり、正極が負極の性質を帯びる。この結果、電流は流れなくなる。これを分極という。このよ

うな分極が起こるため、ボルタ電池は実用にならなかった。これを改良したのがダニエル電池である。
9. 電流は流れなくなる。
10. 神経細胞内の伝達は膜電位の変動による。一方、神経細胞間の伝達は神経伝達物質の移動による。

国家試験類題
1. C
2. 電荷

第9章 典型元素各論
復習問題
1. 1, 2, 12～18族。なお、12族を遷移元素とする考えもある。
2. 新しく増えた電子が最外殻に入る。
3. 電気伝導性、展性・延性、金属光沢を持つ。
4. 比重がおおむね5より小さい金属。Na, K, Li, Be, Mg, Ca, Alなど。
5. カリウムイオンが神経細胞外に出、代わりにナトリウムイオンが神経細胞内に入ることによって起こる膜電位の変化が神経情報となる。
6. SOx：硫黄酸化物一般。NOx：窒素酸化物一般。
7. 青銅：銅とスズの合金。真鍮：銅と亜鉛の合金。ブリキ：スズメッキされた鉄板。トタン：亜鉛メッキされた鉄板。
8. PCB、DDT、BHC、ダイオキシン、スクラロース（人工甘味料；第15章コラム参照）。
9. 地下で起こる原子核のα崩壊反応によって生じるα線がヘリウムになる。
10. 甲状腺はヨウ素を取り込む機能がある。原子炉事故では放射性のヨウ素同位体^{131}Iが発生する。そこで、原子炉近辺の住民は事故に際して、甲状腺が^{131}Iを取り込まないように、普通のヨウ素同位体^{127}Iで飽和しておくためにヨウ素を服用することが推奨されている。

国家試験類題
1. C
2. d

第10章 遷移元素各論
復習問題
1. d-ブロック遷移元素：新しく増えた電子がd軌道に入るもの。ランタノイド、アクチノイド以外の遷移元素。
   f-ブロック遷移元素：新しく増えた電子がf軌道に入るもの。ランタノイド、アクチノイド。
2. d軌道のエネルギーが、最外殻軌道のエネルギーより高く、最外殻軌道が先に埋まるため。
3. 最外殻の電子配置が互いに似ているため。
4. ステンレス：鉄、ニッケル、クロム。　金アマルガム：金、水銀。
   ホワイトゴールド：金、銀、ニッケル。　銑鉄：鉄、炭素。
5. 鉄、銅、金、銀、白金、水銀。
6. 3族元素のうち、スカンジウム、イットリウムとランタノイド元素15種の合計17種の元素を希土類（レアアース）という。ランタノイドは互いに物性が似ているため、単離が困難である。希土類元素は発光性、磁性などを持ち、現代科学の研究、産業に欠かせない元素である。
7. 非共有電子対と空軌道の間にできる結合である。結合する2個の原子のうち、非共有電子対を持つ原子が、2個

の結合電子全てを供給する点で共有結合と異なるが、生成した結合（配位結合）は共有結合と等価である。
8. 金属原子、あるいは金属イオンと、配位子と呼ばれる数個の分子とからできた分子集合体。金属と配位子の結合は配位結合である。錯体は超分子の一種である。
9. 錯体において、配位子が中心金属（イオン）のd軌道エネルギーに影響を与えると考える理論。感覚的でわかりやすい理論であるが、錯体の色彩、磁性を合理的に説明できる。
10. 錯体の中心金属のd軌道エネルギーが、配位子によって影響され、エネルギー分裂を起こす。その結果、中心金属のd電子は低エネルギーのd軌道に選択的に収容される。この結果、d軌道電子に不対電子が現れる。この不対電子の存否と個数が磁性を決定する。

国家試験類題
1. 配位数1：水、アンモニア。配位数2：エチレンジアミン。配位数4：ポルフィリン。
2. B

第11章 化学熱力学

復習問題
1. A：発熱反応　　B：吸熱反応　　C：発熱反応　　D：吸熱反応（ただし、発熱反応にも反応開始時に過熱を必要とするものがある）
2. 11・1・2項のA参照。
3. qは全て内部エネルギーとして蓄えられる。
4. 一部は系の膨張に使われ、残りが内部エネルギーとなる。
5. 系の膨張に使われるエネルギーを最初に除いておくため。
6. 吸熱反応（図11・8参照）。
7. とりうる配置の個数が増え、乱雑さが増えるため。
8. A, B, D
9.

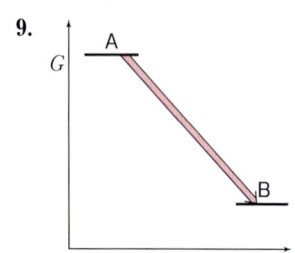

10. ギブズエネルギーがエンタルピー変化とエントロピー変化を併せて示すため。

国家試験類題
1. A：正しい　　B：正しい　　C：誤り
2.

ΔH	ΔS	ΔG	反応
−（発熱）	＋	（−）	自発的に起こる反応
−（発熱）	−	低温で − 高温で ＋	低温で（自発的に起こり）、高温では（起こらない）反応
＋（吸熱）	＋	低温で（＋） 高温で（−）	高温で自発的に起こり、低温では起こらない反応
＋（吸熱）	−	（＋）	あらゆる温度で自発的に（起こらない）反応

第 12 章 反応速度論

復習問題

1. この反応の反応速度は $k[\text{A}][\text{B}]$ で表される。a) 2 倍、 b) 2 倍、 c) 4 倍

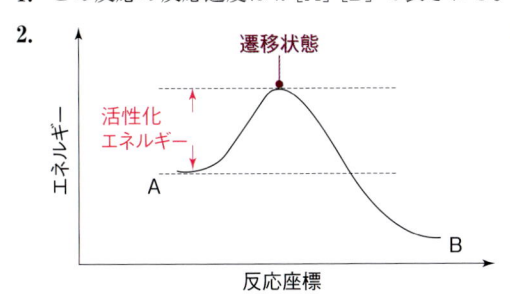

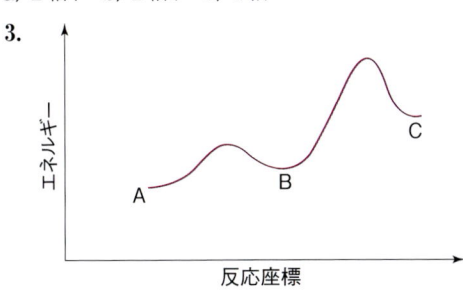

2.

3.

4. a) 5 kJ/mol、活性化エネルギーが小さい方が反応は速い。 b) 25 ℃、反応温度が高い方が反応は速い。

5. a) B → C, b) B → C

6. 平衡定数 K は二つの反応速度定数の比で表される。正反応の反応速度定数を k_1、逆反応の反応速度定数を k_{-1} とすると、

   $K_{\text{eq}} = [\text{B}]_{\text{eq}}/[\text{A}]_{\text{eq}} = k_1/k_{-1}$

   与えられた数値を代入すると、$K = 1.0 \times 10^{-3}/1.0 \times 10^{-5} = 1.0 \times 10^2$

7. MnO_2 は触媒であり、酸素の発生前後で何ら変化は生じない。

8. 触媒は生成物には含まれない。よって、a) Pd, b) H_2SO_4

9. a)，d)，e)，g)，h)

10. a) より小さくなるとよい、 b) より高くなるとよい、 c) より高くなるとよい。

国家試験類題

1. a) 平衡定数 K は二つの反応速度定数の比で表される。

   $K_{\text{eq}} = [\text{B}]_{\text{eq}}/[\text{A}]_{\text{eq}} = k_1/k_{-1}$

   与えられた数値を代入すると、$K_{\text{eq}} = 4.0 \times 10^{-4}/1.0 \times 10^{-3} = 2.0 \times 10^{-3}/k_{-1}$

   よって、$k_{-1} = 5.0 \times 10^{-3}$/s。

   b) 触媒は平衡状態に影響を与えないため、平衡定数 K_{eq} は変化しない。よって、
   $K_{\text{eq}} = 4.0 \times 10^{-4}/1.0 \times 10^{-3} = 1.0 \times 10^{-1}/k_{-1}$

   よって、$k_{-1} = 2.5 \times 10^{-1}$/s。

2. 可逆反応の平衡定数 K は二つの反応速度定数の比で表される。

   $K_{\text{eq}} = [\text{B}]_{\text{eq}}/[\text{A}]_{\text{eq}} = k_1/k_{-1}$

   a) 反応 A の平衡定数は、$K_{\text{eq}} = k_1/k_{-1} = (1.0 \times 10^{-3})/(1.0 \times 10^{-6}) = 1.0 \times 10^3$
   反応 B の平衡定数は、$K_{\text{eq}} = k_1/k_{-1} = (1.0 \times 10^{-2})/(1.0 \times 10^{-3}) = 1.0 \times 10^1$
   よって、より大きな平衡定数を持つのは反応 A となる。

   b) より大きな平衡定数を持つ反応 A の方が、生成物の生成割合が多い。

第 13 章　有機分子の構造
復習問題
1.

H–CH₂–CH₂–CH₂–H　　CH₃CH₂CH₃　　H₃C–CH₂–CH₃

(構造式・簡略式・骨格式での表示)

2. 炭素間の結合についてみると，エタンは単結合，エチレンは二重結合，アセチレンは三重結合となっている．結合の強さは強い順に，三重結合，二重結合，単結合である．2つの原子が σ 結合のみで結合している単結合よりも，σ 結合に加えて π 結合もある二重結合，三重結合の方が，結合切断に多くのエネルギーを要するからである．

3. エタンの炭素間結合は σ 結合のみの単結合である．σ 軌道は軸の周りに回転対称に存在するので，回転してもエネルギーが変わらず，両端の原子は自由に回転できる．一方，エチレンの炭素間は二重結合で結ばれていて，σ 結合に加えて π 結合がある．一方の炭素を σ 結合周りに回転させると，π 結合を形成する p 軌道同士はねじれるように離れてしまうので，エネルギーが必要となり，実際にはねじることは難しく結合は回転しない．

4. He_2^+ は，結合性軌道により多く電子が存在するので，分子軌道を作ることで安定化する，すなわち存在しうる（実際に He_2^+ が存在することが知られている）．

5. 次の通り．中央の化合物はビアリルラジカルと呼ばれ，不飽和脂肪酸の過酸化・腐敗の過程で重要な構造である．

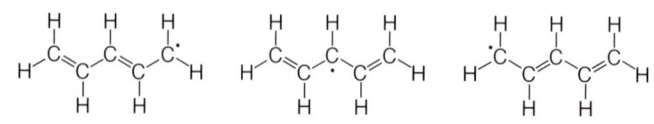

(3つのペンタジエニルラジカル構造式)

国家試験類題
1. 5. (b, d)
2. 3. (a, d)

第 14 章　有機化合物の種類と反応
復習問題
1. H₃C～～～～～CH₃ （オクタンの骨格式）

2. C_5H_{12} には構造異性体が 3 種類存在する．

(n-ペンタン，イソペンタン，ネオペンタンの構造式)

3. H₃C–CH=CH–CH₃

4. アルキン以外に，環状化合物とアレン（二重結合を 2 つ持つ化合物：第 13 章の図 13・18 参照）を忘れないように気をつけよう．また三重結合は sp 混成軌道であり，直線的な結合となるので，構造式を書くときの表し方に気をつけよう．

HC≡C–CH₃　　H₂C=C=CH₂　　△ （3番目の化合物は極めて不安定である）

5. 鏡像異性体＝1、ジアステレオマー＝3（2はAと同一化合物である。頭の中に立体的な構造を思い浮かべ、単結合を回転させてみよう。もし難しいときは、立体模型を利用しよう。）

6. この化合物の臭素原子が臭化物イオンとして脱離し、臭素が結合する炭素の隣の炭素（隣接炭素）に付いている水素原子がプロトンとして脱離する。プロトンとして脱離する水素原子に複数の可能性、すなわち CH_2 の水素と、CH_3 の水素の二つの可能性があることに注意する。それぞれの水素原子がプロトンとして脱離すると、異なる2種類の化合物が生じる。アルケンの安定性から、下図の上段の生成物がより多く生成することが知られている。

7. 同じ分子式を持つ他の構造異性体では、幾何異性体が存在しなくなってしまうので、該当しない。

8. シアン化物イオンは、炭素原子の部分で結合する。

9. 二重結合のそれぞれの炭素にHとClが付加した化合物が生じる。立体異性体が生じる場合があるため、注意が必要である。左端の化合物が最も多く生成することが知られている（理由は専門的な有機化学の教科書を参照）。真ん中と右端の化合物は、塩素が付加した炭素原子が4つの原子価にそれぞれ異なった置換基を有するため立体中心になる。このため互いに鏡像異性体となっている。

10. 水素原子が2つ脱離する形式の反応が進行する。

国家試験類題

1. 5. 5種類

2. 2. 脱離反応：脱水反応は、水（H_2O）が脱離する反応である。

第15章　基本的な生体分子

1. 2，3，4。D-糖は、カルボニル基から最も離れた不斉炭素上のOH基をフィッシャー投影式の右側に持つ。

2. [構造式：β-D-グルコピラノース]

3. システインとメチオニン。

4. トレオニンとイソロイシン。

5. ピラノース。

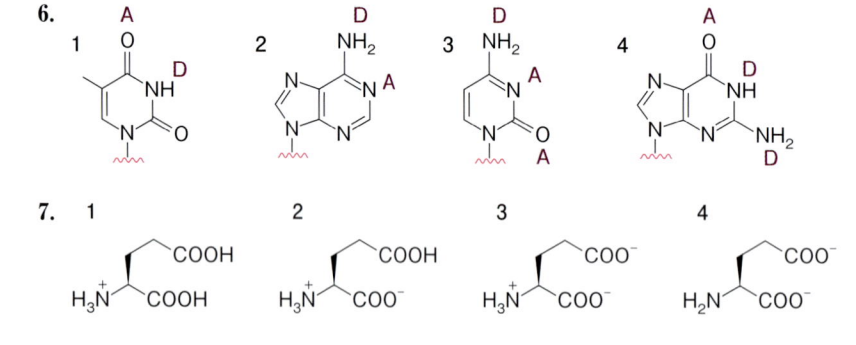

6. [核酸塩基構造式：1 チミン、2 アデニン、3 シトシン、4 グアニン。各水素結合供与体Dと受容体Aの標識]

7. [アミノ酸構造式 1〜4：グルタミン酸の各イオン化状態]

8. 1（ステロイドであるプロゲステロン）と4（プロスタグランジン）。ちなみに、2はアミノ酸（リシン）、3は単糖（β-D-グルコース）、5はヌクレオチド（アデニル酸）。

9. A（アデニン）とT（チミン）の間の水素結合は2本。G（グアニン）とC（シトシン）の間の水素結合は3本。

10. 1. ペプチド結合（アミド結合）　2. 水素結合

国家試験類題

1. 5。アデニンおよびグアニンはプリン骨格を持つ。その化学構造は5である。

2. 4。L-アスパラギンやL-セリン、L-トレオニンが、糖による修飾を受けることが多い。

3. 5。ヒトの必須アミノ酸は、L-バリン、L-イソロイシン、L-ロイシン、L-トレオニン、L-リシン、L-メチオニン、L-フェニルアラニン、L-トリプトファン、L-ヒスチジン、の9種類である。

索　引

アルファベットなど

α 線　5
α ヘリックス　135
α 粒子　5
β 壊変　6
β シート　135
β 線　6
β 崩壊　6
β 粒子　6
γ 壊変　7
γ 線　7
γ 崩壊　7
π–π スタッキング　33
π 軌道　115
π 結合　115
σ 軌道　114
σ 結合　114
3′ 末端　139
5′ 末端　139
C 末端　135
DNA　137
d-ブロック（遷移）元素　20, 85
d 軌道　9, 90
EC　6
f-ブロック（遷移）元素　20, 85, 87
f 軌道　9
IUPAC　14
IUPAC 命名規則　125
K_a　58
LB 膜　43
NOx　80
N 末端　134
p-ブロック元素　20
P450　21
pH　61
pK_a　58
pK_b　59
p 軌道　9
RNA　138
s-ブロック元素　20
S_N1 反応　108
S_N2 反応　107
SOx　81
sp 混成軌道　113, 119

sp^2 混成軌道　113, 118
sp^3 混成軌道　113, 117
s 軌道　9
X 線　7

ア

アイソトープ　3
亜鉛族　77
灰汁　77
アクチノイド（元素）　20, 87
アセチレン　119
アノマー炭素　137
アボガドロ数　4
アボガドロ定数　4
アミノ酸　134
アミン　61
アモルファス　41
アリルラジカル　120
アルカリ金属　20, 76
アルカリ土類金属　20, 76
アルカン　117, 125
アルキン　118, 127
アルケン　118, 126
アルドース　136
アレニウスの酸・塩基　57
アレン　123
安定同位体　4
アンモニウムイオン　88

イ

イオン　15
イオン化エネルギー　16, 23
イオン化傾向　69
イオン化列　69
イオン結合　28
イオン濃淡電池　71
一次構造　135
一分子反応　108
陰イオン　15
引力　26

エ

液晶　42
液体　36, 40

エタン　117
エチレン　118
エナンチオマー　128
塩基　56
塩基対　140
炎色反応　76
延性　74
塩析　55
エンタルピー　97
エントロピー　98

オ

オクテット則　14, 27
オゾン　81

カ

壊変　5
化学電池　69
核異性体転位　7
核酸　137
価数　60
価電子　13, 74
活性化エネルギー　104
価電子　13, 74
ガラス　41
カルボン酸　60
還元　66, 131
還元剤　67, 131
緩衝液　63
官能基　127

キ

幾何異性体　126
希ガス（貴ガス）　14, 21
貴金属元素　87
キセロゲル　53
気体　37, 39
基底状態　96
軌道　3
軌道電子捕獲　6
希土類元素　87
ギブズ（の自由）エネルギー　101
吸熱過程　46
吸熱反応　96, 105

凝固点降下　51
凝析　54
鏡像異性体　128, 132
共鳴　60
共鳴構造　121
共役　121
共役塩基　56
共役酸　56
共有結合　29
極限構造式　121
極性　31
キラル　128
金属結合　30
金属元素　74

ク

クーロン引力　26
クーロン斥力　26
グリコシド結合　137
クロロフィル　21

ケ

系　95
軽金属　75
結合性分子軌道　29
結晶　36, 40
結晶場理論　90
ケトース　136
ゲル　53
原子核の励起状態　7
原子軌道　27
原子半径　22
原子番号　3
元素　3

コ

光学異性体　128
高次構造　135
酵素　110
構造異性体　126
固体　36, 40
コロイド溶液　53
混成軌道　112

索引

サ

最外殻 13
最外殻電子 13, 74
細胞膜 44
錯体 21, 88
酸 56
酸化 66, 131
酸化・還元反応 66, 131
酸解離定数 58
酸化剤 67, 131
酸化数 65
三元触媒 87
三次構造 135
三重結合 119
三重点 38
酸素族 80
三態 36
酸の価数 60

シ

ジアステレオマー 128
シアノコバラミン 21
シーベルト（Sv） 5
色相環 92
仕事 95
脂質 140
ジスルフィド結合 135
磁性 91
実在気体の状態方程式 40
質量数 3
質量％濃度 47
至適pH 110
至適温度 110
シトクロム 21
自由エネルギー 101
周期 19
周期表 19, 82
周期律 19
重金属 75
自由電子 30
自由度 38
柔軟性結晶 42
主量子数 9
シュレーディンガー 2
——の波動方程式 2
蒸気圧 40
蒸気圧降下 50
脂溶性ビタミン 142
状態図 37
触媒 109

親水コロイド 54
真鍮 78
浸透圧 51

ス

水素イオン指数 61
水素吸蔵合金 87
水素結合 32
水素燃料電池 73
水溶性ビタミン 142
水和 29, 45
ステロイドホルモン 141

セ

正極 70
生成物 103
生体高分子 134
青銅 79
斥力 26
遷移 96
遷移元素 21, 84
——の電子配置 84
遷移状態 104

ソ

双極子 30
双極子相互作用 32
双極子モーメント 30
相転移 37
相転移温度 37
相変化 37
相補的塩基対 140
相律 38
族 20
速度定数 107
疎水コロイド 54
疎水性相互作用 33
ソックス 81
ゾル 53

タ

体心立方構造 41
多段階反応 105
脱離反応 130
多糖 135, 137
ダニエル電池 70
炭化水素 117, 125
単結合 117

炭水化物 135
炭素族 78
単糖 135
タンパク質 134
単分子膜 43

チ

置換基 126
置換反応 129
窒素族 78
中性 61
中性子 1
中性微子 6
超ウラン元素 88
超臨界状態 38
チンダル現象 54

テ

定圧反応 97
定容反応 97
デオキシリボ核酸 137
鉄族元素 86
テフロン 81
電解質 52
電気陰性度 23
電気泳動 72
電気伝導性 75
電気二重層 54
典型元素 21, 74
——の電子配置 74
電子雲 3
電子核 8
電子式 14, 28, 116
電子親和力 16
電子対 14
電子配置 11
  遷移元素の—— 84
  典型元素の—— 74
展性 74
電離 52
電離定数 52
電離度 52

ト

同位体 3
糖鎖 137
同族元素 20
導電性 124
等電点 72

特性X線 7
トタン 78
トリアシルグリセロール 140

ナ、ニ

内部エネルギー 94
二次構造 135
二重結合 118
二重らせん構造 139
二糖 137
二分子反応 107
二分子膜 43
ニュートリノ 6
ニュートロン 1

ヌ、ネ、ノ

ヌクレオシド 138
ヌクレオチド 138
熱 95
熱力学第一法則 95
熱力学第二法則 99
熱力学第三法則 99
濃度 46
ノックス 80

ハ

ハース投影式 137
ハーバー-ボッシュ法 79
配位結合 88
配位子 88
パウリ 12, 17
——の排他原理 12
白金族元素 87
発光 96
発熱過程 46
発熱反応 95, 105
波動方程式 2
パラレルワールド 8
ハロゲン 21, 80
半金属元素 76
反結合性分子軌道 29
ハンダ 79
半導体 76
半透膜 51
反応エネルギー図 103
反応次数 108
反応速度式 107
反応速度論 103

索　引

反応物　103

ヒ

光触媒　87
非共有電子対　14
非金属元素　74
非晶質固体　41
ビタミン　142
ビタミン B$_{12}$　21
必須アミノ酸　134
標準状態　39
ピラノース　136
ピリミジン塩基　138

フ

ファンデルワールスの式　40
ファンデルワールス力　33
フィッシャー投影式　136
付加反応　130
負極　70
不斉（炭素）原子　128
不対電子　14
物質の三態　36
沸点上昇　50
不動態　78
不飽和結合　118
ブラウン運動　54
フラノース　136
ブリキ　79
プリン塩基　138
ブレンステッド-ローリーの酸・塩基　56
プロトン　1
フロン　81

ブロンズ　79
分極　30
分光化学系列　91
分散質　53
分散媒　53
分子間結合　34
分子間相互作用　34
分子軌道　29, 114
分子膜　42
フントの規則　12

ヘ

閉殻構造　13
ベクレル　5
ヘスの法則　98
ペプチド結合　134
ヘム　21
ヘモシアニン　21
ヘルムホルツ（の自由）エネルギー　101
変性　135
ヘンダーソン-ハッセルバルヒの式　62
ヘンリーの法則　48

ホ

崩壊　5
放射性壊変　5
放射性同位体　4
放射性崩壊　5
放射線　5
放射能　5
ホウ素族　77
ボーア　1
補酵素　142

保護コロイド　55
補色　92
ポリアセチレン　124
ボルタ電池　70
ホルモン　141

マ 行

マンガン団塊　87
水のイオン積　62
メタン　117
メンデレーエフ　24
モル（mol）　4
モル濃度　47
モル分率　47

ヤ 行

有機塩化物　81
有機塩基　61
有機酸　60
陽イオン　15
溶液　45
溶解　45
溶解度　46
陽子　1
溶質　45
溶媒　45
溶媒和　45
四次構造　135

ラ

ラウールの法則　49
ラザフォード　1
ラジオアイソトープ　4

ランタノイド（元素）　20, 87

リ

理想気体の状態方程式　39
理想溶液　50
律速段階　106
立体異性体　126
立体中心　128
立方最密充填構造　41
リボ核酸　138
両親媒性分子　43
両性　57
両性電解質　72
臨界点　38
リン酸ジエステル結合　139
リン脂質　43, 140

ル

ルイスの酸・塩基　57
累積膜　43

レ

レアアース　87
励起状態　7, 96

ロ

ろう　140
六方最密充填構造　41
ロンドン力　33

著者略歴

齋藤 勝裕 1945 年新潟県生まれ．東北大学大学院理学研究科博士課程修了，理学博士．名古屋工業大学講師，同教授等を経て，現在，名古屋工業大学名誉教授，愛知学院大学客員教授

林 一彦 1962 年静岡県生まれ．東北大学薬学部修士課程修了，薬学博士．日本ワイス株式会社（現ファイザー株式会社），旭硝子株式会社，金城学院大学薬学部准教授等を経て，現在 金城学院大学薬学部教授

中川 秀彦 1966 年神奈川県生まれ．東京大学大学院薬学系研究科博士課程修了，博士（薬学）．放射線医学総合研究所研究員，同主任研究員，名古屋市立大学大学院薬学研究科准教授等を経て，現在 名古屋市立大学大学院薬学研究科教授

梅澤 直樹 1971 年東京都生まれ．東京大学大学院薬学系研究科博士課程修了，博士（薬学）．名古屋市立大学大学院薬学研究科助手，講師を経て，現在 名古屋市立大学大学院薬学研究科准教授

薬学系のための基礎化学

2015 年 10 月 25 日　第 1 版 1 刷発行

著作者　齋藤　勝裕
　　　　林　　一彦
　　　　中川　秀彦
　　　　梅澤　直樹

検印省略

定価はカバーに表示してあります．

発行者　吉野 和浩
　　　　東京都千代田区四番町 8-1
　　　　電話　03-3262-9166(代)
　　　　郵便番号　102-0081
発行所　株式会社 裳華房
印刷所　三報社印刷株式会社
製本所　株式会社 松岳社

社団法人 自然科学書協会会員

JCOPY 〈(社)出版者著作権管理機構 委託出版物〉
本書の無断複写は著作権法上での例外を除き禁じられています．複写される場合は，そのつど事前に，(社)出版者著作権管理機構（電話 03-3513-6969，FAX 03-3513-6979，e-mail: info@jcopy.or.jp）の許諾を得てください．

ISBN 978-4-7853-3506-9

Ⓒ 齋藤勝裕・林　一彦・中川秀彦・梅澤直樹, 2015　　Printed in Japan

各 B 5 判・2 色刷

ステップアップ 大学の総合化学 齋藤勝裕 著　152 頁／本体 2200 円＋税

ステップアップ 大学の分析化学 齋藤勝裕・藤原　学 共著　154 頁／本体 2400 円＋税

ステップアップ 大学の物理化学 齋藤勝裕・林　久夫 共著　158 頁／本体 2400 円＋税

ステップアップ 大学の無機化学 齋藤勝裕・長尾宏隆 共著　160 頁／本体 2400 円＋税

ステップアップ 大学の有機化学 齋藤勝裕 著　156 頁／本体 2400 円＋税

あなたと化学
－くらしを支える化学 15 講－　2 色刷
齋藤勝裕 著
B 5 判／144 頁／本体 2000 円＋税

理工系のための 化学入門　2 色刷
井上正之 著
B 5 判／174 頁／本体 2300 円＋税

一般化学（三訂版）　2 色刷
長島弘三・富田　功 共著
A 5 判／288 頁／本体 2300 円＋税

化学はこんなに役に立つ
－やさしい化学入門－　2 色刷
山崎 昶 著
B 5 判／160 頁／本体 2200 円＋税

演習でクリア フレッシュマン有機化学　2 色刷
小林啓二 著
B 5 判／212 頁／本体 2800 円＋税

生命系のための 有機化学 I
－基礎有機化学－　2 色刷
齋藤勝裕 著
B 5 判／154 頁／本体 2400 円＋税

生命系のための 有機化学 II
－有機反応の基礎－　2 色刷
齋藤勝裕・籔内一博 共著
B 5 判／164 頁／本体 2600 円＋税

化学の指針シリーズ
各 A 5 判

化学環境学
御園生 誠 著　250 頁／本体 2500 円＋税

錯体化学
佐々木・柘植 共著　264 頁／本体 2700 円＋税

量子化学 －分子軌道法の理解のために－
中嶋隆人 著　240 頁／本体 2500 円＋税

生物有機化学
－ケミカルバイオロジーへの展開－
宍戸・大槻 共著　204 頁／本体 2300 円＋税

有機反応機構
加納・西郷 共著　262 頁／本体 2600 円＋税

超分子の化学
菅原・木村 共編　226 頁／本体 2400 円＋税

有機工業化学
井上祥平 著　246 頁／本体 2500 円＋税

分子構造解析
山口健太郎 著　168 頁／本体 2200 円＋税

化学プロセス工学
小野木・田川・小林・二井 共著　220 頁／本体 2400 円＋税

2015 年 10 月現在

裳華房 SHOKABO
電子メール　info@shokabo.co.jp
ホームページ　http://www.shokabo.co.jp/

代表的な官能基

有機化合物に含まれる代表的な官能基を示した（14・2節参照）。ここにあげた官能基を最初から全て覚える必要はない。有機化合物に含まれる官能基にどのようなものがあるかを概観し、学習を進めるうちに少しずつ名称や構造、反応性を覚えるようにすればよい。

官能基の種類（括弧内は置換基となったときの呼び方：〜基と呼ぶ）

カルボン酸（カルボキシ基 $-C(=O)OH$ ）

アルコール・フェノール（ヒドロキシ基 $-OH$ ）

ケトン（カルボニル基*1 $>C=O$ ）

アルデヒド（ホルミル基 $-C(=O)H$ ）

エーテル（アルコキシ基 $-O-$ ）

チオール（スルファニル基 $-SH$ ）、スルフィド（アルキルスルファニル基 $-S-$ ）

スルホキシド（スルフィニル基 $>S=O$ ）、スルホン（スルホニル基 $-S(=O)_2-$ ）、スルホン酸（スルホ基 $-S(=O)_2OH$ ）

アミン（アミノ基 $-NH_2$ ）

ニトリル（シアノ基 $-CN$ ）

アゼン（ジアゼンジイル基（アゾ基） $-N=N-$ ）

ウレア［尿素］（ウレニレン基・ウレイド基 $-N(H)-C(=O)-$ ）

グアニジン（グアニジノ基 $-NH-C(NH_2)=NH_2$ ）※図参照

ハロゲン化物（ハロ基*2 $-F$、$-Cl$、$-Br$、$-I$ ）

（ニトロ基 $-NO_2$ ）*3

（ニトロソ基 $-NO$ ）*3

エステル（アルコキシ基とカルボニル基の組み合わせ； $-O-C(=O)-$ ）

アミド（アミノ基とカルボニル基の組み合わせ； $>N-C(=O)-$ ）

*1 C=O 部のみを指して「カルボニル基」と呼ぶため、カルボン酸やアルデヒドにも「カルボニル基」の構造が含まれる。
*2 現在は、ハロゲン化物という化合物の呼び方は正式ではない。
*3 ニトロ基、ニトロソ基は置換基としての呼び方しかない。化合物を呼ぶときは「ニトロ化合物」「ニトロソ化合物」のように呼ぶ。